한국 전통음식 전문가들이 재현한

우리 고유의 상차림

신승미 · 손정우 · 오미영 · 송태희 · 김동희 · 안채경
고정순 · 이숙미 · 조민오 · 박금미 · 김영숙

㈜敎文社

머리말

　식문화는 우리 생활수준의 향상으로 단순한 먹거리에서 맛과 영양 그리고 모양새까지 갖춘 형태로 점차 발전되면서 다양한 조화를 이루는 상차림이 요구되고 있다. 또한 세계화의 물결과 첨단과학의 눈부신 발전으로 동 · 서양의 식생활 양상이 서로 교류되어 음식문화에서도 융화되고 있는 추세이다.

　이러한 현대 사회에서 생활하는 우리들이 우리 고유의 식재료를 이용하여 계절과 여러 행사별로 목적과 시기에 맞는 상차림을 계승 · 발전시키기 위해서는 우리 고유의 상차림을 충분히 이해하고 연구할 필요성이 있다. 이에 좀더 세계적인 음식이 될 수 있는 발판을 마련하고자 이 책을 출간하게 되었다.

　제 1부에서는 일상으로 먹는 반상, 죽상, 주안상 등의 일상 상차림, 출생에서 제사까지의 통과의례 상차림, 절기에 따른 세시음식 상차림, 궁중 상차림으로 크게 구분하여 상차림의 배경지식과 더불어 여기에 올려지는 음식의 종류를 설명하였다. 또한 저자들이 직접 음식을 만들어 재현한 우리 고유의 상차림을 사진으로 구성하였다. 제 2부에서는 상차림에 올린 음식을 선별하여 그 음식에 대한 유래와 특징을 소개하였고, 표준 레시피와 조리법을 상세히 수록하여 직접 조리해 볼 수 있도록 하였다.

　오랜 시간 이 책을 집필하기 위해 노력하였으나, 출간을 앞둔 지금 아직도 미흡한 부분이 눈에 띈다. 부족한 부분은 앞으로 계속 수정 · 보완해 나갈 것을 약속드리며, 이 책을 통하여 잊혀져 가는 우리 고유의 상차림에 특별한 관심을 불러일으키고 올바른 상차림의 계승과 더 나아가 현대화되는 상차림의 발전에 조금이나마 도움이 되었으면 한다.

　이 책이 나오기까지 고(故) 염초애 교수님의 장인정신을 이어 받은 우리음식문화연구회 회원들의 각별한 마음과 아낌없는 수고에 감사드리며, 아울러 출간되기까지 많은 도움을 주고 노력을 아끼지 않은 교문사 류제동 사장님을 비롯한 직원 여러분에게도 진심으로 감사드린다.

2005년 1월
저자 일동

차 례

제1부 우리 상차림에 대한 이해

제2부 우리 음식 만들기의 실제

차 례

제1부

| 우리 상차림에 대한 이해 |

1
우리 고유 상차림에 대하여

우리나라의 식생활 양식은 식생활 문화 발단기인 신석기시대 후기부터 오늘날에 이르기까지 자연적 · 환경적 · 사회적 요인의 복합적인 영향을 받아 형성되어 왔다. 우리나라 식생활 양식은 씨족사회의 농사를 짓는 토지에 바탕을 두고 공동체 의식을 깊이 담은 유형에서 비롯되어, 곡물을 주식으로 하고 나머지 음식들을 부식으로 하는 주 · 부식 분리형으로 뿌리내리게 되어 오늘날에 이르게 되었다.

식사할 때에는 대부분의 음식을 한꺼번에 차리게 되는데, 밥을 주식으로 하는 일상 상차림은 반찬 가짓수에 따라 그 종류가 나누어진다. 이러한 우리 고유의 반상은 같은 조리법과 식품 재료가 중복되지 않도록 구성되어 영양의 균형을 이루고 맛이나 색채가 다양하여 우리 음식 상차림의 과학성을 보여준다.

상차림이란 상에 차려지는 주식을 중심으로 반찬을 배선하는 방법을 일컫는데, 일상식의 반상(飯床)은 삼국시대 후기부터 쌀의 증산과 함께 밥을 지을 수 있는 솥의 개발로 상용화되기 시작하였다. 밥과 국, 김치를 기본음식으로 하고 여기에 차려지는 반찬의 수에 따라서 3첩 · 5첩 · 7첩 등으로 격식화된 것은 조선시대 중기 이후부터였다. 반상차림은 계층에 관계없이 누구에게나 독상으로 대접하는 것이 기본이었고, 특히 조석 상차림은 반드시 외상차림을 원칙으로 하였다. 가족 사이에서 형제, 자매, 모녀, 조모 손 사이에 겸상이나 셋겸상으로 조석식사를 하는 경우가 있긴 하였으나 이는 허물없는 사이에 상차림의 규범을 생략한 모습이었고, 가정의 어른이나 빈객은 물론 사돈, 친지

댁 등에서 온 하인에게도 조석상은 반드시 외상으로 대접하였다.

일상식에서 주식이 밥이 아닌 경우에는 죽, 미음, 응이의 상차림이 있고, 점심 주식으로 국수를 대접하는 장국상 또는 면상도 있다. 명절이나 잔치, 회식 때 차리는 교자 상차림, 술을 대접하기 위한 주안상차림, 식사시간 외에 차리는 다과상차림이 있어 음식을 대접하는 시기와 경우에 맞추어 적절하게 배선하였다.

사람은 태어나서 죽을 때까지 출생, 삼칠일, 백일, 첫돌, 관례, 혼례, 회갑, 희수, 상례 등과 같은 통과의례를 거치게 된다. 우리나라는 예(禮)를 중요시여겨 이를 지키기 위한 의식이 엄격한 편이었고, 의례음식의 상차림에 대한 풍습이 매우 특이하여 의례 시에는 특별한 의미를 담은 음식을 배선하여 상차림의 규범을 정립하였다. 우리나라 음식은 음양오행설에 따라 음식의 색, 맛, 모양 등의 배합과 배열이 이루어졌는데, 이는 통과의례 시에 차리는 찬품과 상의 종류에도 영향을 주었다. 즉, 출산 전후의 기자 의례상, 백일상, 돌상뿐 아니라 아이가 학업을 하기 시작하여 한 권의 책을 다 배울 때마다 오색송편으로 책례를 시행하였다. 성인이 되면 이를 축하하기 위하여 관례를 시행하고 이에 따른 음식을 준비하여 상을 차렸다.

혼례는 매우 중요한 의식이었는데 혼례음식상으로는 납폐, 대례, 봉채떡, 초례상, 큰상, 입맷상, 폐백 등이 있고, 이는 각 의식에 맞추어 상차림을 달리 하였다. 또한 혼례를 치른 후에 신부가 시댁으로 갈 때 음식을 준비하여 보냈는데 이를 이바지 음식이라고 하여 각 집안의 솜씨와 가풍을 최대한 반영하였다.

사람이 태어나서 60세 이상이 되면 수연례를 행하여 온 가족의 축하를 받으며 가족 공동체로서의 의식을 가졌다. 이에는 육순, 회갑, 칠순, 희수, 팔순, 미수, 구순, 백수 등이 있으며, 부부가 혼인하여 60주년이 되면 온 가족 앞에서 다시 혼례를 올리는 회혼례가 있다. 이런 큰 행사에는 큰상을 차리게 되고 상차림 중에서 가장 화려하며, 음식을 고여서 차리고 바라만 본다 하여 망상이라고도 하였다. 잔치가 끝나면 모인 여러 일가친척과 손님들이 음식을 함께 나누며 사람 사는 정을 나누었다.

인생을 마치게 되면 상례를 치르고 그 후에는 자손들이 제례를 치러 예를 다하였는데, 이에 따라 음식을 차리는 진설법과 상차림이 규범화되어 있었다.

또한 우리나라 사람들은 절기에 맞추어 세시풍속을 즐겼다. 세시풍속은 오랜 세월 동안 이루어져 온 것으로 지역의 자연적인 조건에 따라 많은 차이가 있다. 세시는 농경생활과 밀접한 관련이 있으며, 계절의 변화를 알려주는 절기에 따라 구성되어 있고 태음력을 기준으로 형성되었다. 음력 정월인 설날에는 세찬과 세주를 비롯한 상차림, 입춘 절식과 정월 대보름의 상원 절식, 2월의 중화 절식과 노비송편, 3월의 삼월 삼진날 절식, 4월의 한식과 등석 절식, 5월의 단오 절식, 6월의 유두와 삼복 절식, 7월의 칠석과 백중 절식, 8월 추석 절식, 9월 중구 절식, 10월 상달 절식, 11월 동지 절식, 12월의 납향과 대회일 절식 등으로 인간 삶의 여유를 즐기고자 하였다. 또한 계절에 맞추어 시식(時食)을 준비하여 철이 지날 때마다 기후와 환경에 대한 변화를 인체가 잘 적응하기에 필요한 영양소를 보충하는 한편, 기분전환을 하여 삶의 활력을 불어넣는 지혜를 발휘하였다.

궁중에서는 일반인들의 식생활과는 달리 일상식과 의례식을 위한 상차림이 매우 화려하고 다양하였다. 이는 전국에서 모은 최상급의 명산물을 식품재료로 사용하였고 이를 조리하는 사람들도 어릴 때부터 궁에 들어와 조리교육을 전수받은 주방상궁과 대령숙수들의 솜씨에 의해 최고로 발달·전승되어 왔기 때문이다. 조선시대 이전의 궁중음식은 고려 말에서 조선조 성종까지의 내용을 기록한 『경국대전』을 통해 알 수 있고, 조선 왕조의 궁중음식은 『진찬의궤』, 『진연의궤』, 『궁중의 음식발기』, 『왕조실록』 등을 통해 유추할 수 있다. 궁중의 상차림은 일상의 수라상과 반과상, 국가의 행사가 있을 때나 왕족의 경사가 있을 때 차리는 진찬상, 외국의 사신을 대접하는 영접 진연상, 가례 때의 고배상을 비롯한 폐백상에 이르기까지 그 규모가 매우 크고 화려하였다.

이상과 같이 우리 음식의 상차림은 전통문화와 함께 유구한 역사 속에서 민족의 혼과 정서, 의식이 배어 형성되었다. 이를 현 시점에서 다시 조명해 볼 때 한민족의 우수함과 지혜를 다시 한 번 생각하게 된다.

2
일상 상차림

    일상 상차림은 매일 먹게 되는 밥, 죽, 국수 등을 주식으로 하는 상과, 특별한 날 손님을 대접하는 상이 있다. 주식에 따라 분류하면 반상, 죽상, 면상이 있으며 손님을 대접하는 특성에 따라 교자상, 주안상, 다과상 등이 있다. 사람의 수에 따라 독상, 겸상, 두레반상 등이 있으며, 겸상은 셋겸상, 넷겸상까지 하였다. 두레반상은 큰 원반에 많은 가족이 둘러앉아 식사하는 형태를 말한다.

    우리의 상차림은 음식을 모두 한 상에 차려내는 특징이 있다. 음식이 놓여지는 위치가 정해져 있어 차림에 질서가 있으며, 독상 차림을 기본으로 한다. 상은 원형, 사각, 팔각 등을 사용하는데, 7첩 이상으로 반찬이 많거나 즉석에서 조리해야 하는 너비아니구이나 전골이 올려지거나 반주, 후식을 같이 낼 때는 곁상을 더 놓는다. 그릇은 여름에는 주로 사기반상기를 사용하였고 겨울에는 은반상기나 유기(놋그릇)반상기를 사용하였다.

1. 반상차림

    우리의 반상차림은 독상이 원칙이었으나 차츰 겸상 또는 두레반상 형식을 취하게 되었다. 밥을 주식으로 반찬을 부식으로 차리며 반찬(찬품)의 수에 따라 3첩, 5첩, 7첩, 9첩, 12첩으로 나누었다. 첩수는 밥, 국, 김치, 장류(청장, 초간장, 초고추장 등), 찜,

찌개, 전골 등의 기본이 되는 음식은 첩수로 세지 않고 쟁첩(반찬을 담는 뚜껑이 있는 그릇)에 담겨진 반찬의 수를 말한다. 그러므로 첩수에 들어가는 반찬으로는 생채, 숙채, 구이, 조림, 전, 마른 찬, 장아찌, 젓갈, 회, 편육, 수란이 있다.

3첩, 5첩반상은 서민들의 상차림인데 여유가 있을 때는 5첩반상을 차리기도 하였다. 7첩반상은 생신, 잔치 때나 손님 대접상으로 특별하게 차리는 상차림이며, 9첩반상은 반가집 최고의 상차림이었다. 12첩반상은 수라상으로 궁중에서 임금님에게 드리는 반상을 말하며, 12첩 이상일 수도 있었다. 반상은 받는 사람의 신분에 따라 아랫사람에

표 2-1 반상차림의 구성

내용\구성	첩수에 들어가지 않는 음식 (기본 음식)							첩수에 들어가는 음식 (쟁첩에 담는 음식)										
	밥	국	김치	장류	찌개(조치)	찜	전골	나물 생채	나물 숙채	구이	조림	전	마른 찬	장아찌	젓갈	회	편육	수란
3첩	1	1	1~2	1				택 1		택 1			택 1					
5첩	1	1	2	2	1			택 1		1	1	1	택 1					
7첩	1	1	2	3	2	택 1		1	1	1	1	1	택 1			택 1		
9첩	1	1	3	3	2	1	1	1	1	1	1	1	1	1	1	택 1		
12첩	2	2	3	3	2	1	1	1	1	2	1	1	1	1	1	1	1	1
기명	주발 바리 합	탕기	보시기	종지	조치보 뚝배기 조반기		전골틀	쟁첩										

*7첩반상 이상에서는 많은 가짓수의 반찬을 한 상 위에 모두 차릴 수 없으므로 보조상으로 곁상(곁반)이 따르게 된다.

*찌개가 두 가지(쌍조치)일 경우는 토장찌개와 젓국찌개인 맑은 찌개를 올리나 최근에는 젓국찌개 대신 전골, 찜, 선, 볶음 중에서 한 가지를 올리기도 한다.

*구이가 두 가지일 경우는 찬 구이와 더운 구이로 올린다.

*마른 찬은 포, 튀각, 자반, 북어보푸라기, 부각 등으로 구성한다.

기명(器皿)의 종류

남자용 밥그릇은 주발이라 하고 여자용 밥그릇은 바리라 하며, 꼭지가 달린 것은 봉바리라고 한다. 합은 크기가 다양한데 작은 것은 어린이용 밥그릇, 중간 것은 노인용 밥그릇으로 사용하며, 크기에 따라 국수장국, 떡국, 약식을 담는 그릇으로도 사용한다. 그릇의 모양은 입구에서 바닥까지 거의 직선 형태를 이루며, 남자들은 여름철인 단오에서 추석까지는 주로 사기로 만든 사발을 사용한다.

게는 밥상, 어른에게는 진지상, 임금에게는 수라상이라고 하였다.

첩수에 따른 반찬의 종류는 반상차림의 구성표(표 2-1, 2-2)에서 볼 수 있으며, 반찬의 구성은 재료와 색, 조리법이 중복되지 않도록 고려하여 영양의 균형을 이루었다.

표 2-2 기본 음식과 첩수에 들어가는 음식의 예

구분 \ 내용	기본 음식 (첩수에 들어가지 않는 음식)	쟁첩에 담는 음식 (첩수에 들어가는 음식)
3첩	기장밥, 배추속대국, 배추김치, 청장	조기양념구이, 시금치나물, 무말랭이무침
		너비아니구이, 콩나물, 미역자반
5첩	흰밥, 미역국, 배추김치, 깍두기, 김치찌개, 청장, 초간장	갈치구이, 오이갑장과, 두부조림, 탕평채, 삼색전
		제육구이, 무갑장과, 감자조림, 겨자채, 표고전
7첩	콩밥, 무맑은장국, 배추김치, 나박김치, 강된장찌개, 두부젓국찌개, 갈비찜, 청장, 초간장, 초고추장	홍합초, 표고전, 깻잎장아찌, 화양적, 더덕생채, 오징어숙회, 애호박나물
		북어조림, 육원전, 깻잎장아찌, 떡산적, 더덕생채, 편육, 고사리나물
9첩	완두콩밥, 곰탕, 배추김치, 총각김치, 나박김치, 호박젓국찌개, 꽃게찌개, 오이선, 낙지전골, 청장, 초간장, 초고추장	장조림, 풋고추전, 마늘장아찌, 갈치구이, 무생채, 명란젓, 굴회, 가지나물, 북어무침
		두부조림, 생선전, 마늘장아찌, 섭산적, 더덕생채, 명란젓, 오징어숙회, 시금치나물, 튀각

그림 2-1 3첩반상차림

그림 2-2 5첩반상차림

그림 2-3 7첩반상차림

그림 2-4 9첩반상차림

2. 죽 · 미음 · 응이상차림

죽은 오래 전부터 아침 대용식 및 노인식, 보양식, 환자식, 구황식, 별미식 등으로 차려진 음식으로 곡물 등의 전분재료에 5~6배의 물을 부어 오랫동안 끓여 완전히 호화 시킨 반유동식이다. 죽은 흰죽이 기본으로 쌀알을 그대로 끓인 옹근죽과 쌀알을 반 정도 찧어서 만든 원미죽, 완전히 곱게 갈아서 만든 무리죽으로 구분된다. 미음은 죽보다 더 묽은 상태로 곡물을 푹 무르도록 끓여서 고운 체에 받친 것이며, 응이는 곡물 전분을 물에 풀어 끓여서 마실 수 있을 정도로 만든 유동식이다.

죽, 미음, 응이상에 오르는 음식으로 젓국찌개, 국물김치, 마른 찬 등이 있다.

암죽과 범벅

암죽은 모유가 부족할 때 아기에게 주던 이유식으로 백설기를 말려 가루를 내었다가 물에 풀어 쑨 죽을 말하며, 떡암죽이라고도 한다. 범벅도 죽의 일종으로 호박이나 곡물가루를 섞어 풀과 같이 되직하게 쑨 음식을 말한다.

궁중에서는 간단한 낮것(點心)으로 올리기도 하였으며, 탕약을 드시지 않는 날 아침 수라 드시기 전에 죽상을 올려 초조반(初早飯) 또는 자릿조반이라고도 하였다.

---

3. 면상차림

일반적으로 경사 때 점심으로 국수를 차리는 상을 면상(麵床)이라고 하며, 주식으로는 온면, 냉면, 떡국, 만두국 등이 오르고, 부식으로는 찜, 겨자채, 잡채, 편육, 전, 배추김치, 나박김치 등이 오른다. 주식이 면류이기 때문에 각종 떡류나 한과, 생과일 등을 곁들이기도 하며, 이 때에는 식혜, 수정과, 화채 중 한 가지를 놓는다. 술 손님인 경우에는 주안상을 먼저 낸 후 면상을 내기도 한다.

그림 2-5 죽상차림

그림 2-6 면상차림

그림 2-7 교자상차림

표 2-3 면상 분류도

분류	음식명
주식	온면, 냉면, 떡국, 만두국 등
김치	배추김치, 장김치, 나박김치, 보쌈김치, 오이소박이, 동치미 등
장류	청장, 초간장, 초고추장, 겨자즙 등
찜	사태찜, 갈비찜, 닭찜, 떡찜, 북어찜, 죽순찜, 대하찜, 도미찜 등
회	어회, 육회, 미나리강회, 갑회, 두릅회, 어채, 홍합회 등
전유어	각색전, 간전, 등골전, 처녑전, 양전, 양동구리전, 생선전, 해삼전, 대하전, 풋고추전, 연근전, 호박전, 가지전 등
산적/누름적	화양적, 두릅산적, 송이산적, 사슬적, 잡누름적, 떡산적 등
편육/족편	우설편육, 양지머리편육, 돼지머리편육, 족편 등
채	탕평채, 잡채, 겨자채, 죽순채, 월과채 등
떡	각색편, 송편, 각색단자, 은행단자, 석이단자, 화전, 증편, 주악, 인절미, 두텁떡, 각색경단, 약식 등
유밀과/유과	유밀과(약과, 매작과, 만두과, 다식과, 채소과), 강정 등
정과	연근, 맥문동, 생강, 유자, 도라지, 동아, 모과, 산사정과 등
숙실과/과편	율란, 조란, 생란, 대추초, 밤초, 앵두편, 살구편 등
생실과	배, 사과, 딸기, 복숭아, 포도, 감, 귤, 수박, 참외 등
음청류	딸기화채, 진달래화채, 유자화채, 복숭아화채, 수정과, 식혜, 배숙, 화면, 보리수단, 원소병, 떡수단, 오과차 등

4. 교자상차림

교자상은 평소 한 사람씩 차리던 외상 형식을 명절이나 잔치 또는 회식 때 한 상으로 모아 간소화시킨 상차림으로 많은 사람이 함께 모여 식사를 하는 상이다.

대개 고급 재료를 사용해서 여러 가지 음식을 만들어 대접하려고 하는데, 종류를 지나치게 많이 하는 것보다는 몇 가지 중심이 되는 요리를 특별히 잘 만드는 것이 좋다. 또한 색채나 재료, 조리법, 영양 등이 조화를 이루는 몇 가지 다른 요리를 만들어

표 2-4 교자상 분류도

분 류	음 식 명
주식	밥류, 온면, 냉면, 떡국, 만두국, 규아상, 편수 등
탕	완자탕, 애탕, 어알탕, 송이탕, 깻국탕 등
찜/선	닭찜, 도미찜, 갈비찜, 대하찜, 오이선, 호박선, 어선 등
신선로/전골	신선로, 낙지전골, 쇠고기전골, 송이전골 등
김치	보쌈김치, 배추김치, 나박김치, 동치미, 깍두기 등
장류	청장, 초간장, 초고추장, 겨자즙, 새우젓국 등
회	갑회, 민어회, 굴회, 육회, 미나리강회, 파강회 등
구이	너비아니구이, 대합구이, 대하구이, 더덕구이, 북어구이, 생선구이 등
편육/족편	양지머리편육, 제육편육, 우설편육, 돼지머리편육, 족편 등
전유어	처녑전, 간전, 연근전, 생선전, 새우전, 호박전, 풋고추전, 표고전 등
적	화양적, 송이산적, 떡산적, 파산적, 두릅적, 누름적, 잡누름적 등
채	겨자채, 잡채, 월과채, 탕평채, 죽순채, 구절판 등
마른안주	어포, 대구포, 육포, 잣솔, 곶감쌈, 은행볶음, 호두튀김 등
떡	각색편, 각색단자, 주악, 화전, 경단, 증편, 약식 등
유밀과	약과, 매작과, 모약과, 만두과, 다식과 등
유과	매화강정, 세반강정, 산자, 빙사과, 연사과 등
다식	송화다식, 흑임자다식, 진말다식, 녹말다식, 청태다식, 오미자다식, 밤다식 등
정과	도라지정과, 연근정과, 생강정과, 유자정과, 산사정과 등
숙실과	밤초, 대추초, 생란, 율란, 조란 등
생실과	사과, 배, 감, 포도, 수박, 참외 등
화채	유자화채, 배숙, 오미자화채, 식혜, 수정과 등
차	유자차, 모과차, 구기자차, 녹차, 대추차 등

곁들이는 것도 좋은 방법이다. 조선시대의 교자상차림은 건교자, 식교자, 얼교자 등으로 나누었다. 건교자는 마른 찬을 위주로 내며 식교자는 식사를 위주로 하고 얼교자상은 건교자와 식교자를 혼합한 형태로 간단한 술안주 음식을 낸 후 다시 밥과 반찬이 되는 찬품과 탕을 준비해야 되므로 매우 번거롭다.

교자상에는 주로 면(온면, 냉면), 탕(계탕, 어알탕, 잡탕), 찜(영계찜, 육찜, 우설찜), 전유어, 편육, 적, 회, 겨자채, 신선로, 마른 찬, 수란, 김치, 장류, 각색편, 약식, 약과, 다식, 강정, 정과, 숙실과, 생실과, 수정과, 식혜, 화채 등이 오른다(그림 2-7 참조).

표 2-5 주안상 분류도

분 류	음 식 명
술	약주, 청주 등
마른안주	육포, 어포, 약포, 칠보편포, 대추편포, 전복쌈 등
장류	청장, 초간장, 초고추장 등
김치	배추김치, 장김치, 나박김치, 보쌈김치, 오이소박이, 동치미 등
신선로/전골	신선로, 낙지전골, 쇠고기전골, 두부전골, 송이전골 등
찜/선	사태찜, 갈비찜, 닭찜, 북어찜, 죽순찜, 대하찜, 도미찜, 어선, 두부선, 가지선, 오이선, 호박선, 채란 등
전유어	간전, 등골전, 처녑전, 부아전, 완자전, 양동구리전, 민어전, 굴전, 해삼전, 대하전, 풋고추전, 표고전, 연근전, 호박전, 가지전 등
회	어회, 육회, 미나리강회, 갑회, 두릅회, 어채, 홍합회 등
구이	갈비구이, 너비아니구이, 염통구이, 대합구이, 조기구이, 북어구이, 더덕구이 등
편육/족편	우설편육, 양지머리편육, 돼지머리편육, 족편 등
산적(누름적)	화양적, 두릅산적, 송이산적, 사슬적, 잡누름적 등
탕	완자탕, 애탕, 어알탕, 송이탕, 대합탕, 임자수탕 등
찌개	꽃게 고추장찌개, 우럭찌개 등
숙채(생채)	구절판, 겨자채, 탕평채, 잡채, 죽순채, 월과채 등
주식류	온면, 냉면, 떡국 등을 차린 면상
후식류	떡, 조과, 생과, 음료 등을 차린 다과상

그림 2-8 주안상차림

그림 2-9 다과상차림

5. 주안상차림

주안상(酒案床)은 술을 대접하기 위해 차리는 상으로 술과 안주가 되는 음식을 낸다. 보통 육포, 어포 등의 마른안주와 전, 편육, 찜, 신선로, 전골, 찌개 등의 음식과 떡, 한과, 과일 등이 오른다. 기호에 따라 얼큰한 고추장찌개나 매운탕, 전골, 신선로 등과 같은 더운 국물이 있는 음식을 추가로 올릴 수 있다. 술자리가 거의 끝나면 식사를 하기 위하여 면상을 내거나 후식으로 다과상을 내기도 한다.

6. 다과상차림

다과상(茶果床)은 주로 식사시간 외에 다과만을 내는 상으로 면상이나 주안상의 후식으로 내기도 한다. 특히 계절에 맞는 떡, 한과, 음청류를 잘 고려하여 마련하며, 후식상인 경우에는 여러 다과 중에 한두 가지만 낸다.

표 2-6 다과상 분류도

분류		음 식 명
떡	찌는 떡	각색편(백편, 승검초, 꿀편, 석이편 등), 백설기, 잡과병, 석탄병, 두텁떡, 녹두편, 쑥편, 물호박떡, 무시루떡, 증편, 약식 등
	치는 떡	인절미, 절편, 개피떡 등
	빚는 떡	송편, 경단, 색단자, 석이단자, 은행단자, 대추단자, 밤단자 등
	지지는 떡	진달래화전, 국화전, 은행주악, 대추주악, 수수부꾸미 등
유밀과		약과, 매작과, 모약과, 만두과, 다식과, 채소과 등
강정		매화강정, 빙사과, 세반강정, 산자, 연사과 등
다식		송화, 흑임자, 진말, 오미자, 승검초, 녹말, 밤다식 등
숙실과		율란, 조란, 생란, 밤초, 대추초 등
정과		연근, 맥문동, 생강, 유자, 도라지, 동아, 모과, 산사정과 등
생실과		배, 사과, 딸기, 복숭아, 포도, 감, 귤, 수박, 참외 등
화채		딸기화채, 진달래화채, 유자화채, 복숭아화채, 수정과, 식혜, 배숙, 화면, 보리수단, 원소병, 떡수단, 향설고 등
차		녹차, 생강차, 구기자차, 율무차, 모과차, 유자차, 대추차, 계피차, 결명자차, 제호탕, 오과차 등
과편		살구편, 앵두편, 오미자편, 복분자편 등

3
통과의례 상차림

통과의례란 모든 사람이 출생하여 사망에 이르기까지 일생 동안 반드시 통과해야 하는 의례로 임신, 출산, 백일, 돌, 관례, 혼례, 회갑, 회혼례, 상례 그리고 죽음 이후까지 확대하여 지내는 제례 등이 있다. 그 중 관례, 혼례, 상례, 제례 네 가지를 관혼상제, 즉 사례(四禮)라고 하여 그 예법을 중히 여겼다. 인류가 발달하면서부터 어느 민족에게나 있는 통과의례이지만 우리나라에서는 특히 조선조를 거치면서 교육적 의미를 부여해 예법을 더욱 강조하였다. 모든 의례에는 의식(儀式)이 행해지며 그에 따르는 음식을 통과의례음식이라 하여 의식에 부합되는 의미가 오랜 전통과 함께 존재한다.

1. 출산의례

출산의례란 산전의례, 해산의례, 세이레의례와 같은 산후의례로 나눌 수 있다.

1) 산전의례

산전의례는 아기를 낳기 직전까지의 의례로서 임신, 즉 자식을 얻기 위한 기자(祈子)의례를 포함한다. 특히 조선시대에는 아들을 얻기 위한 노력이 지대했으므로 돌바위나 장독대 등 일정한 대상물에 남다른 정성을 들이는 치성기자의례, 특이한 음식을

그림 3-1 출산 전 삼신상

먹거나 특별한 물건을 가지고 다니는 주술기자의례를 행하였다.

임신기간 동안에는 태어날 아이의 건강과 정서를 위해 몸가짐이나 마음가짐, 음식물 섭취에 특별한 관리를 하였으며, 산모가 산고를 시작하면 윗목이나 삼신상(三神床 또는 産神床)을 차려 산모의 순산을 기원하였다. 이 때의 상차림은 소반에 쌀을 수북이 놓고 그 위에 장곽을 걸치고 정화수를 올린다.

삼신상

아기를 점지해 주는 세 신령을 모신 상으로 주로 안방 윗목 구석에 모셔 둔다. 삼신은 지방과 가정에 따라 한 사람, 두 사람, 세 사람이라고 믿는 데서 밥과 국의 그릇수가 달라진다. 상을 차릴 때에는 보통 깨끗한 짚을 깔고 상을 놓은 뒤 쌀, 정화수, 미역(장곽)을 올린다.

---

2) 해산의례

아기의 탄생을 알리고 외부인의 출입을 막기 위해 대문에 금줄을 달았다. 남아가 태어나면 짚을 왼쪽으로 꼬아 붉은 고추, 숯, 청솔가지를 끼우고, 여아가 태어나면 숯, 청솔가지, 종이를 끼워 대문에 달았다. 탄생과 순산을 감사하는 마음에서 삼신상에 올

그림 3-2 출산 후 삼신상

렸던 쌀과 미역으로 흰 쌀밥 세 그릇, 미역국 세 그릇을 정화수와 함께 차리는데, 이때 쌀은 9번 씻고, 미역국에는 고기를 넣지 않은 소미역국을 사용하였다. 먼저 삼신에게 올리고 난 뒤 그 상을 산모에게 대접하였다. 3이란 많다는 의미의 민속적 의미가 있으며, 삼신상 차리는 것은 가문에 따라 거의 없어진 의식(儀式)이나 아기의 수명장수(壽命長壽)를 기원하는 마음으로 잡거나 자르지 않는 미역, 즉 장곽(長藿)을 사용하는 풍속과 해산 후 미역국을 먹는 풍습은 지금까지 이어지고 있다.

3) 세이레의례

출산 후 21일인 세이레가 되면 삼칠일이라고 하여 대문에 달아놓았던 금줄을 떼고 외부인의 출입을 허용하였다. 그 동안에는 저항력이 약한 아기와 산모를 외부로부터 보호하고 신의 가호 아래 두려는 의미에서 출입을 제한하였던 것이다. 삼칠일까지는 몸조리를 하면서 딱딱한 음식, 제사음식, 상가음식, 맵고 자극적인 음식, 찬 음식은 되도록 금하였다. 삼칠일에는 마지막으로 삼신상을 차린 뒤 산모에게 쌀밥과 고기가 들어간 미역국을 주고 신성의 의미를 지닌 백설기를 준비하였다. 이 때는 집밖으로 돌리지 않고 집안에 모인 가족들끼리 나누어 먹으며 축하하였다.

2. 백일상

아기 출생 후 백일이 되는 날에 축하하며 백일상을 차린다. 백(百)은 완전함을 뜻하는 의미가 있어 무사히 백일을 지내온 아기를 축복하고 무병장수(無病長壽)를 기원하는 날이다. 백일상에는 흰 쌀밥과 고기 넣은 미역국, 백설기, 오색송편, 수수팥경단을 올린다. 백설기는 순수무구와 신성함을 뜻하고, 오색송편은 작게 만들어 다섯 가지 색을 들인 송편으로 음양오행의 '만물의 조화'를 의미하며, 속이 꽉 차다는 의미로 속을 넣은 것과 뜻이 넓으라는 의미에서 속이 빈 송편을 만들기도 한다. 백설기를 시루에서 나눌 때는 칼로 자르지 않고 반드시 주걱으로 떼어내는 것이 관례이다. 붉은 색의 수수팥경단은 액을 면하기를 기원하는 의미가 담겨 있다.

백일떡은 백 사람과 나누면 백수를 누린다고 하여 여러 집에 돌리면서 사회에 첫인사를 겸하였으며, 그릇을 돌려 줄 때는 씻지 않고 실이나 옷, 장난감, 돈 등을 담아 답례로 준다.

그림 3-3 백일상차림

3. 돌상차림

아기 출생 후 처음 돌아오는 생일에 돌상을 차려서 축하한다. 첫돌에는 부자거나 넉넉하지 않은 서민들이나 반드시 돌상을 차려 축하를 하는 풍습이 있다. 돌상에는 흰쌀밥, 미역국, 생으로 길게 하여 붉은 실로 묶은 미나리, 백설기, 치수수경단, 오색송편, 생과일, 삶은 국수, 쌀, 대추, 흰 타래실, 청·홍비단실, 붓·벼루, 돈을 올린다. 남아 돌상에는 활과 화살, 천자문을 올리고 여아 돌상에는 국문책과 색실, 바느질 자를 올려 돌잡이를 한다. 건강하고 속이 단단하라고 인절미를 올리기도 한다.

돌상은 아기가 넘어져도 다치지 않도록 모서리가 없는 둥근 원반을 사용하며 방석 위에 무명필을 접어 깔고 아기를 앉힌다.

그림 3-4 남아 돌상차림

돌잡이 물건과 음식의 의미

- 쌀 : 식복이 많기를 기원한다.
- 미나리 : 강인한 생명력을 기원한다.
- 국수, 흰 타래실 : 장수를 기원한다.
- 청ㆍ홍비단실 : 장수와 함께 부부금실이 좋기를 기원한다.
- 대추 : 자손의 번영을 기원한다.
- 돈 : 부귀영화를 기원한다.
- 붓, 벼루, 책 : 문운(文運)을 기원한다.
- 활과 화살 : 무운(武運)을 기원한다.
- 백설기 : 순수무구와 청렴한 삶을 기원한다.
- 차수수경단 : 악귀를 쫓아 잔병이 없고 무사하기를 기원한다.
- 송편 : 속에 있는 고물처럼 꽉 차고, 감싸고 있는 떡같이 넓은 마음을 가져 조화롭게 살기를 기원한다.

---

4. 책 례

아이가 학업을 시작하여 책이 한 권씩 끝날 때마다 떡을 하여 격려하고, 선생님께 감사한 마음을 전하였다. 책례 때는 오색송편을 예쁘고 작게 만들고 삼색경단 등의 떡을 하거나 국수장국이나 떡국, 전 등으로 상을 차리기도 한다.

5. 성년례

성년이 되었음을 축하하는 의식으로 남자는 상투를 틀고 관을 쓴다고 하여 관례라고 하고, 여자는 머리를 올려 쪽을 지고 비녀를 꽂는다고 하여 계례라고 하였다. 관례는 15~20세 사이에 행하는데 미혼이라도 관례 후에는 성인대접을 받았다. 관례날은 정월 중에 길일을 택하여 먼저 3일 전에 사당에 술, 과일, 포를 올리고 조상님께 성인이 됨을 고한다. 그리고 당일날 초가례(初加禮), 재가례(再加禮), 삼가례, 초례, 자관자례, 현주존장 등의 관례의식을 행한 후 잔칫상으로 축하한다. 잔칫상에는 여러 가지 술안주 음식과 떡, 한과, 생과, 식혜, 수정과 등을 차리고 술과 국수장국을 준비한다.

그림 3-5 책례상차림

그림 3-6 성년례상차림

현대의 성년례

현대의 성년례는 만 20세에 행해지며 5월 첫째 주 월요일을 성년의 날로 정하여 성년식을 갖고 주위의 축하를 받는다.

6. 혼 례

혼례는 혼담이 오가는 것에서 시작하여 근친(近親 : 시집간 딸이 친정에 가서 어버이를 뵙는 일)까지 길고 복잡한 의례가 따른다. 혼례 절차의 대표적인 규범은 중국의 주육례(周六禮)이었으나 이 규범이 너무 형식적이고 번거로워서 고려말과 조선초에 간편한 주자가례(朱子家禮)가 제시되었고, 이때부터 혼례의 풍습이 체계적으로 형식을 갖추기 시작하였다.

혼례에는 신랑 신부 양가의 혼인 의사를 타진하는 단계인 의혼(議婚), 신랑의 사주를 보내는 절차인 납채(納采), 신부집에서 혼인날을 택일해 보내는 절차인 연길(涓吉), 신랑집에서 신부에게 혼서지와 채단인 예물을 함에 넣어 보내는 절차인 납폐(納幣), 신랑이 신부집으로 가서 혼례를 행하는 절차인 대례(大禮), 신부가 신랑을 따라 시댁으로 들어가는 절차인 우귀(于歸) 등 여러 가지 절차가 따른다.

혼례상차림으로는 납폐, 대례, 우귀례의 현구고례 때에 준비하는 봉채떡, 초례상, 큰상, 입맷상, 폐백 등이 있으며, 각 의식에 따라 상차림이 다르다.

1) 봉채떡

봉채떡(封采餅)은 일명 봉치떡이라고도 하며, 납폐의례 절차 중에 차려지는 혼례 음식이다. 납폐는 신랑쪽에서 신부쪽에 혼서(婚書)와 채단(綵緞)인 예물을 함에 담아 보내는 것을 말하는데, 이 함을 받기 위해 신부집에서 준비하는 음식이 바로 봉채떡이다.

만드는 방법은 찹쌀 3되에 붉은 팥 1되를 고물로 하여 시루에 두 켜만 안치고 윗켜 중앙에 밤을 놓고 대추 일곱 개를 둥글게 박아서 함이 들어올 시간에 맞추어 찐다. 대추와 밤은 따로 거두어 두었

그림 3-7 봉채떡

봉채떡 재료의 의미

봉채떡을 찹쌀로 두 켜만 앉히는 것은 부부 금실이 찰떡처럼 잘 맞추어 살기를 기원하는 뜻이며, 붉은 팥고물은 액을 면하게 되기를 빈다는 의미가 담겨 있다. 대추 일곱 개는 7형제를 상징하며 남손번창(男孫繁昌)을 기원하고 밤은 생산과 풍요를 상징하며, 찹쌀 3되가 관행화 된 것은 3은 천 · 지 · 인의 '완전하다'는 뜻으로 생각하는 숫자관에서 비롯되었다.

다가 다산과 부귀를 기원하며 신부에게 먹였다.

함이 들어올 시간에 북쪽을 향해 돗자리를 깔고 상을 놓은 후 그 위에 붉은 색 보를 깔고 떡시루를 얹어 함이 도착하기를 기다린다. 함이 오면 받아 시루 위에 놓고 북향 재배한 다음 신부 아버지는 함을 열어 혼서지를 꺼내 사당에 고하고 신부 어머니는 가족, 친지들과 함께 채단을 풀어본다.

2) 초례상차림

전안례(奠雁禮), 교배례(交拜禮), 합근례(合巹禮)를 합하여 초례(醮禮)라고 한다.

전안례는 소례(小禮)라고도 하며, 신랑이 목안(木雁 : 나무 기러기)을 바치면 신부 의 어머니는 치마에 목안을 싸서 안방으로 들어가고 신랑은 장인에게 절을 두 번 하는 것을 말한다. 교배례는 신랑, 신부의 상견례로써 신부집 마당에 차린 초례청에서 교배 상을 중심으로 동쪽은 신랑, 서쪽은 신부가 자리하여 맞절을 하는 절차이다. 합근례는 표주박 술잔에 합환주(合歡酒)를 따라 마시는 것을 말한다.

혼례를 치르는 것을 초례를 치른다고도 하고 혼례를 치르는 장소를 초례청 또는 전 안청이라고 부르며, 대개 신부집 안마당이나 대청마루에 마련한다. 중앙에 목단(牧丹) 병풍을 치고 그 앞에 붉은 칠을 한 고족상(高足床)을 놓는데, 이를 동뢰상(同牢床), 초 례상(醮禮床)이라고 한다.

초례상에 차리는 음식은 지방마다 다르나 중앙에는 정수(淨水)를 한 대접 올리고 흰쌀, 밤, 대추, 용떡, 달떡, 콩, 팥을 두 그릇씩 준비해 놓고 보자기에 싼 닭 자웅(雌 雄) 한 쌍을 남북으로 나누어 놓는다. 이때 수탉 입에는 밤을 물리고 암탉 입에는 대추

그림 3-8 초례상차림

표 3-1 지역별 초례상차림

지 역	초례상차림
서울	흰 달떡, 밤, 대추, 나무로 만든 닭을 좌우에 한 마리, 촛불, 대나무, 들축나무를 양쪽에 놓는다.
함양	쌀, 닭, 바가지, 송죽, 용떡, 초, 청·홍실, 밤과 대추를 물린 북어를 각각 다리를 만들어 세워 놓는다.
순창	찹쌀, 좁쌀 각각 두 그릇, 청·홍 촛대, 동백나무, 목화씨, 만수향, 돼지머리, 팥, 콩, 밤, 대추, 감을 올린다.
진양	촛대 두 개, 쌀 두 그릇, 송죽, 바가지 두 개와 청·홍실을 놓는다. 큰상 앞에 주안상 두 개를 준비하고 술잔, 마른 명태를 올리고 용떡, 밤, 대추는 놓지 않는다.
강진	초와 동백나무에 함박꽃을 만들어 꽂고 석수어(石首魚), 대추, 곶감, 밤, 팥, 콩, 쌀, 목화씨, 닭을 놓는다.
개성	소나무, 마고대나무(대나무의 일종)를 꽂고 청실을 두른 수탉, 홍실을 두른 암탉을 놓으며 삼색 과일을 중앙에 놓는다.

를 물리며, 북어나 숭어 한 쌍도 밤, 대추를 물려 사용하기도 한다. 또한 청·홍색 초를 꽂은 촛대 한 쌍과, 소나무 가지에는 홍실을 걸치고 대나무 가지에는 청실을 걸친 꽃병 한 쌍을 놓으며, 곁상에는 표주박을 두 개로 나누어 만든 잔을 동서로 각각 놓고 술을 준비한다. 이처럼 초례상에 오르는 대나무와 기러기는 절개, 쌀과 닭 그리고 대추와 밤은 다산, 용떡은 부귀, 청·홍실은 일심동체를 의미한다. 이러한 물건이 진설되는 위치와 종류는 지방별로 약간씩 차이가 난다.

3) 큰상차림

초례를 올린 신랑, 신부에게 여러 가지 음식을 높이 고여서 차린 큰상으로 축하의

표 3-2 고배상 분류도

분류	음식 명
유밀과	약과, 매작과, 다식과, 만두과 등
유과	빙사과, 세반강정, 오색강정, 깨강정, 실백강정, 매화강정, 계피강정, 산자 등
다식	송화다식, 녹말다식, 흑임자다식, 밤다식, 청태다식 등
정과	생강정과, 연근정과, 모과정과, 동아정과, 청매정과, 도라지정과, 인삼정과, 무정과 등
숙실과	조란, 율란, 생강란, 대추초, 밤초 등
당(糖)	옥춘당, 팔보당, 인삼당, 국화당, 사탕, 찹쌀엿, 깨엿 등
건과	은행, 대추, 호두, 실백, 곶감 등
생실과	사과, 배, 감, 귤, 수박, 포도, 생률 등
떡	백편, 찰편, 꿀편, 승검초편, 화전, 주악, 단자, 팥시루떡, 절편, 꽃떡 등
적	닭산적, 섭산적, 어산적, 화양적, 잡누름적 등
전	생선전, 채소전, 고기전, 대하전, 해삼전, 녹두전, 북어전 등
어물	어포, 문어오림, 건전복, 건문어포, 명태찜, 전복초, 홍합초, 조기, 숭어, 홍어 등
편육	양지머리편육, 사태편육, 제육편육, 돼지머리편육, 족편 등

뜻을 표한다. 큰상은 높이 고이므로 고배상(高排床) 또는 바라만 본다고 하여 망상(望床)이라고도 한다. 신랑 신부는 초례를 행한 다음 신부집에서 신랑을 위해 차려 주는 큰상(신랑상)과 현구고례를 행한 다음 신랑집에서 신부를 위해 차려 주는 큰상(신부상)을 받게 된다. 큰상에 고였던 음식은 헐어서 신랑댁이나 신부댁으로 보내는데 이를 상수(床需)라고 하고 남은 음식을 동네에 돌리는 것을 봉송(奉送)이라고 한다. 큰상과 함께 국수장국으로 면상이 차려지는데, 이를 입맷상이라고 한다. 큰상 양옆으로 절편에 물감을 입혀 빚은 꽃떡과 조화로 된 상화(床花) 또는 생수화(生樹花)로 장식하기도 한다.

(1) 고배상

고배상(高排床)은 망상(望床) 또는 몸상이라고 하며 지방, 계절, 가풍에 따라 다르지만 대체적으로 과정류, 생실과, 건과, 떡, 적, 전, 어물, 육류 등을 올린다. 이러한 음식을 1~2자(尺), 약 30~60cm 정도로 높이 원통형으로 고여 색상을 맞추어 두세 줄로 배열한다. 원통형 주변에다 복(福), 축(祝), 수(壽) 등의 글자를 넣어 가며 고여 올리고 지방과 가풍에 따라 다르지만 대체적으로 첫 줄에는 생실과, 견과류, 한과류를 놓고 다음 줄에는 적, 전, 포, 숙육 등을 진설한다. 떡 종류는 양 옆쪽에 놓는데 인절미와 절편을 각각 높이 고인 다음 그 위에 주악, 화전, 단자 등의 웃기를 올린다.

(2) 입맷상

큰상을 받기 전에 신랑 신부와 상객이 직접 먹을 수 있게 대접하는 상을 입맷상이라고 하며, 다담상(茶啖床)이라고도 한다. 입맷상은 큰상과 그 상을 받는 사람 사이에 놓는데 온면이나 냉면, 떡국을 주식으로 하여 찜, 편육, 전, 포, 어물, 신선로, 잡채, 회 등을 올리고 청장, 초간장은 상 가운데 차리며 김치는 주로 나박김치, 동치미, 장김치와 배추김치를 올린다. 술과 안주, 약과, 강정, 정과, 다식, 떡, 과일, 수정과, 화채, 식혜 등을 다양하게 준비해 다과상과 주안상을 겸한 면상으로 차린다.

그림 3-9 입맷상차림

4) 폐백 음식

신부가 시부모님과 시댁의 여러 친족에게 처음으로 인사를 드리는 예를 현구고례(見舅姑禮)라고 하며, 이때 신부쪽에서 준비해 시댁 어른들께 드리는 음식을 폐백(幣帛) 음식이라고 한다.

폐백 음식은 기본적으로 육포나 편포, 대추, 밤, 술을 준비하는데 육포 대신 닭, 건치(乾雉), 닭산적을 쓰기도 한다.

육포(肉脯)는 쇠고기를 얇게 저며 양념하여 채반에 말려 두 묶음으로 나누어 각각 청실·홍실로 묶고 편포(片脯)는 쇠고기를 양념해 다진 뒤 타원형으로 빚어 잘 말린 후 잣가루를 뿌리고 청·홍띠를 두른다. 폐백닭은 닭을 쪄서 말려 실고추, 실백, 달걀지단 등으로 장식한다. 대추는 흠이 없고 굵은 것을 청주로 씻어 따뜻한 곳에서 설탕물에 5~7시간 정도 재워 적당히 부풀면 실백을 박고 홍실에 꿰어 그릇에 쌓아둔다.

근래에 와서 생겨난 마른구절판은 인삼, 새우, 다식, 곶감, 생률, 은행, 호두, 문어포, 전복, 잣솔, 대추, 약포, 곶감쌈, 암치포, 대구포, 전복쌈 등을 이용해 만든다.

폐백음식은 청·홍색 겹보자기로 싸는데 육포나 편포는 청색이 겉으로 나오게 하

표 3-3 지역별 폐백 음식

지 역	폐 백 음 식
서울, 경기	폐백닭, 육포, 마른구절판, 육회, 장산적, 대추고임, 한과, 오절판, 편포, 술 등
충청도	폐백닭, 육포, 대추고임, 마른구절판, 술 등
전라도	닭산적, 육포, 꽃약과, 주악, 화전, 마른구절판, 오징어나 문어를 이용한 봉황, 색지를 이용한 잣, 각종 정과, 대추초, 밤초, 율란, 곶감꽃, 북어포, 엿, 한과, 삶은 대하, 고기전, 삼색과일, 대추과, 밤고임, 각종 떡, 술 등
경상도	폐백닭, 진구절판, 마른구절판, 대추고임, 돼지편육, 육포, 엿, 술 등
강원도	폐백닭, 구절판, 한과, 모듬 해산물, 대추고임, 떡, 술 등

출처 : 박은미, 폐백음식의 이용실태와 서울 주거 여성의 인식도에 관한 연구, 숙명여자대학교 석사학위 논문, 1994.

고 대추는 홍색이 겉으로 나오게 싸며, 네 귀를 매지 않고 가운데로 모아 근봉(謹封)이라고 쓴 근봉 띠에 끼워 넣는다.

폐백상차림은 병풍을 두르고 화문석을 깐 후 상을 놓고 방석 두 개를 준비한다. 상에는 홍색면이 겉으로 오도록 예탁보를 두르고 곁상에는 술과 술잔을 함께 놓는다. 폐백상에 올라가는 음식의 종류는 지역에 따른 차이가 있다.

그림 3-10 폐백상차림

5) 이바지 음식

전통 혼례에서 혼례 음식으로 준비한 큰상차림의 음식을 헐어 신랑, 신부집으로 각각 보내던 풍습인 상수(床需)가 사라지면서 오늘날의 이바지로 이어져 내려오고 있다.

이바지란 혼례 전이나 혼례를 치른 후에 신부 어머니가 신랑집에 보내는 음식을 말한다. 이렇게 신부집에서 음식을 장만해 보내면 신랑집에서도 그에 대한 답례로 음식을 해 보내서 사돈간의 정을 주고받는 풍습이다.

이바지 음식은 그 집안의 솜씨와 가풍이 드러나고 지위를 나타내기도 하며 집안에 따라 음식의 가짓수와 조리법도 다르다. 하지만 대체로 여러 가지 양념과 찬류, 산적, 찜, 과일, 한과, 떡, 육회, 전, 갈비, 국수 등을 준비하며 여기에 특별한 음식을 추가하기도 한다.

7. 수연례 · 회혼례

수연례(壽宴禮)란 60세 이상 되신 어른의 생신을 경사롭고 복된 날이라 하여 축복하고자 자손들이 손님을 초대하여 잔치를 베풀고 더 오래 장수하시기를 기원하기 위한 의식을 말한다. 수연에는 60세의 육순(六旬), 61세의 회갑(回甲), 70세의 칠순(七旬), 77세의 희수(喜壽), 80세의 팔순(八旬), 88세의 미수(米壽), 90세의 구순(九旬), 99세의 백수(白壽) 등이 있으며, 예전에는 수명이 짧아 회갑연에 큰 비중을 두었으나 오늘날은 칠순잔치에 더 비중을 두고 축수(祝壽)를 한다.

회혼례란 부부가 혼인하여 해로(偕老)한 지 60주년이 되는 날을 기념하는 의례를 말한다. 늙은 부부가 자손들 앞에서 혼례복을 입고 60년 전과 같은 혼례를 다시 행하고 잔치를 베풀어 자손들로부터 헌수(獻壽)를 받고 일가친척과 친지들로부터 축하받는다. 헌수란 자손들이 부모님께 큰상을 차려 놓고 술을 올리고 절을 하면서 축수하는 것을 말한다. 하지만 결혼한 지 60주년이 되었어도 모든 사람들이 회혼례를 치를 수 있는 것은 아니다. 부부가 살아있어야 하고 아들과 딸이 고루 있어야 하며, 자식 중에 사망한 사람이 없어야 회혼례를 올릴 수 있다.

이러한 의식 때에는 자손들이 부모님의 은혜에 감사하고 만수무강하기를 기원하는 의미에서 큰상을 차리게 되는데, 이는 여러 가지 음식을 목기 위로 1~2자(尺), 약 30~60cm까지 높이 고인 상차림으로 고임새의 높이가 자손들의 효심을 나타낸다고 생각하였다. 큰상차림은 상차림 중 가장 정성스럽고 화려한 상차림이며 지방, 가문, 계절에 따라 진설법은 약간씩 차이가 있고, 기제사 때와는 정반대로 진설한다. 수연례, 회혼례의 큰상차림은 혼례 때의 큰상차림과 같으며 큰상 앞에는 헌수할 술상을 놓는다. 큰상 뒤로는 어른들이 드실 수 있도록 신선로, 국수, 구이, 조림, 찜, 편육, 화채, 김치 등을 준비해 입맷상을 앞에 차린다.

8. 상 례

상례란 사람이 운명하여 땅에 묻힌 다음, 대상을 지내고 담제, 길제를 지내는 것으로서 탈상하게 되는 3년 동안의 모든 의식을 말한다.

1) 사자밥

밥상에 밥 세 그릇, 술 석 잔, 백지 한 권, 북어 세 마리, 짚신 세 켤레, 동전 몇 닢을 얹어 놓고 촛불을 켜서 뜰아래나 대문 밖에 차려 놓는다. 임종한 사람을 데리러 온다고 하는 저승의 사자를 대접함으로써 편하게 모셔가 달라는 뜻에서 사자밥을 차린다.

2) 조석상식

돌아가신 조상을 섬기되 살아계신 조상을 섬기듯 한다는 의미에서 아침·저녁으로 올리는 음식을 말한다. 아침에 해가 뜨면 조전을 올리고, 해가 진 뒤에는 석전을 올린다. 조전이나 석전이 끝나면 음식을 치우고 술과 과일만 남겨 둔다. 상례 중에는 물론 장례를 치른 뒤 탈상까지 조석상식을 올린다. 차림은 밥과 국, 김치, 나물, 구이, 조림

북어 세 마리

청장

밥 밥 밥

동전

짚신 세 켤레

그림 3-11 사자밥

밥 국

청장

숙채 생채 숙채 조림 물김치

육적 구이

그림 3-12 조석상식

등의 찬으로 차린다.

3) 조문객 상차림

장례가 있게 되면 멀고 가까운 데서 많은 사람들이 모여 긴 시간을 보내게 되므로 이들 조문객을 위해 음식을 장만하는 일은 상례 때의 큰일 가운데 하나이다. 이 때의 차림은 주로 밥, 육개장 또는 장국밥을 차린다. 여기에 나물, 생선조림, 편육, 떡, 과일, 술, 술안주 등을 곁들인다.

9. 제 례

제례란 사람이 죽으면 그 자손이나 친족, 친지가 슬픔 속에서 장사를 지내고 조상의 은덕을 추모하여 정성으로 기념하는 것이다. 제사문화에 대한 기원은 삼국시대에 이르러 자신의 조상을 제사 지내는 의례로 발전하기 시작하였다. 왕가에서 먼저 시작된 삼국시대의 제사의례는 중국문물의 영향을 받았으며, 제사문화가 활발하게 꽃피었던 시기는 조선시대로 조상에 대한 제사가 사회적 관습으로 정착되어 갔다.

제사의 종류에는 기제(忌祭 : 고인이 돌아가신 날에 해마다 한 번씩 지내는 제사), 차례(茶禮 : 음력으로 매월 초하룻날과 보름날, 그리고 명절이나 조상의 생신날에 간단하게 지내는 제사), 사시제(四時祭 : 철을 따라 1년에 네 번 드리는 제사로서 매 중월, 상순의 정일이나 해일을 가리어 지냄), 묘제(墓祭), 이제(禰祭 : 음력 9월인 계추에 지내던 제사), 사당(祠堂) 등이 있다.

1) 제의 음식

제의 음식은 귀신들에게만 올리는 특별한 식품으로서 제수의 제의적 성격을 강조한 것으로 육류, 곡물 등 조리하지 않은 채 날것으로 올리는 전통이 있다. 보편적인 음식물로 산 사람들이 먹는 것과 다를 바 없으나 고춧가루, 파, 마늘은 사용하지 않는다.

밥, 국, 면, 탕(육탕, 소탕, 어탕), 전(육전, 어전, 소전), 적(육적, 어적, 계적), 포(육포, 어포), 나물, 김치, 술, 떡류, 과정류, 과일(대추, 밤, 감, 배 등) 등을 제수로 올린다. 이외에도 정화수, 젓갈, 식혜, 식초, 간장 등을 올리기도 한다. 계절에 따라 생산되는 햇과일들이나 떡국, 송편 같은 것을 올리기도 한다.

2) 제사상차림(제수진설)

제주가 제상을 바라보아 오른쪽을 동(東), 왼쪽을 서(西)라고 한다. 제사상차림 진설의 순서는 맨 앞줄에 과일, 둘째 줄에 포와 나물, 셋째 줄에 탕(湯), 넷째 줄에 적(炙)과 전(煎), 다섯째 줄에 메와 갱을 차례대로 놓는다.

① 조율이시(棗栗梨柿) : 왼쪽에서부터 대추, 밤, 배, 감의 순서로 과일을 올린다. 복숭아는 쓰지 않으며, 과일 줄의 끝에는 조과류(손으로 만든 과자)를 쓰되 그

그림 3-13 제사상

순서는 다식을 먼저 쓰고, 유과류(산자, 강정 등), 마지막 끝에 당속류(오화당, 원당, 옥춘) 등을 쓴다. 가문에 따라 조율시이(棗栗柿梨)로 올리기도 한다.

② 홍동백서(紅東白西) : 붉은 과일은 동쪽에, 흰 과일은 서쪽에 올린다.

③ 좌포우해(左脯右醢) : 포는 왼쪽에, 젓갈은 오른쪽에 놓는다. 포는 어포와 육포를 많이 사용하는데 보통 북어포를 많이 쓰고, 머리부분은 잘라내고 담는다.

④ 어동육서(漁東肉西) : 생선은 동쪽에, 육류는 서쪽에 올린다. 생선은 꽁치, 갈치 등 '치' 자 들어간 생선은 삼간다.

⑤ 두동미서(頭東尾西) : 생선의 머리는 동쪽으로, 꼬리는 서쪽으로 올린다.

더 자세한 제수진설법은 다음과 같다.

① 고비각설(考妣各設) : 내외분이라도 남자 조상과 여자 조상은 상을 따로 차린다.

② 시접거중(匙楪居中) : 수저를 담은 그릇은 신위의 앞 중앙에 놓는다.

③ 잔서초동(盞西醋東) : 술잔은 서쪽에 놓고 초첩은 동쪽에 놓는다.

④ 적접거중(炙楪居中) : 적은 중앙에 놓는다.

⑤ 생동숙서(生東熟西) : 생김치는 동쪽에, 익힌 나물은 서쪽에 놓고, 김치는 고춧가루를 쓰지 않은 백김치나 나박김치를 놓는다. 나물은 고사리, 도라지, 숙주나물 등을 쓴다.

⑥ 천산양수(天産陽數), 지산음수(地産陰數) : 하늘에서 나는 것은 홀수로, 땅에서 나는 것은 짝수로 올린다.

⑦ 건좌습우(乾左濕右) : 마른 것은 왼쪽에, 젖은 것은 오른쪽에 올린다.

⑧ 접동잔서(楪東盞西) : 접시는 동쪽에, 잔은 서쪽에 올린다.

⑨ 우반좌갱(右飯左羹) : 메는 오른쪽에, 갱은 왼쪽에 올린다. 잔은 메와 갱 사이에 올린다. 수저와 대접은 단위제의 경우 중간 부분에 올린다. 면은 건더기만을 좌측 끝에 올리고 편(떡류)은 우측 끝에, 꿀과 설탕은 편의 좌측에 올린다.

4

세시음식 상차림

우리나라는 기후와 밀접한 관계가 있는 농경 위주의 생활을 하였으며 예부터 태음력으로 진행된 세시풍속이 발달하였다. 이러한 세시풍속과 함께 절식과 시식으로 나눈 세시음식도 발달하였다. 절식이란 다달이 있는 명절에 차려 먹는 음식이고, 시식은 계절에 따라 나는 식품으로 만드는 음식을 말한다.

우리나라의 세시풍속에 관한 문헌으로는 『경도잡지』, 『열양세시기』, 『동국세시기』 등이 있으며, 조상숭배, 농사의례, 정서순화 등의 의미를 갖는 행사와 놀이, 액을 면하는 풍속과 함께 계절에 어울리는 특별한 음식을 만들어 먹음으로써 민족의 동질감과 결속력을 다져왔다.

1. 우리나라의 절식

1) 1월

(1) 설 날

정월 초하루(설날)는 원일(元日), 원단(元旦), 세수(歲首), 연수(年首), 원조(元朝), 신일(愼日)이라고도 한다. 묵은 해를 보내고 새해의 첫날을 맞아 새로운 몸가짐으로 집안의 만복을 기원하며 세찬과 세주를 마련하여 조상께 차례를 드리는 날이다.

만두의 유래

중국 고서인 『사물기원(事物紀元)』에 촉나라의 제갈 공명이 남만(南蠻)의 맹획을 치고 돌아올 때 여수(濾水)에 이르렀는데 강풍이 몰아닥쳐 건널 수가 없었다. 한 부하가 남만의 풍습에 따라 사람의 머리 49개를 바치자고 하자 제갈 공명이 산 사람을 희생시킬 수 없어 주위의 양을 잡아 그 고기를 밀가루로 싸고 만인의 머리(灣頭)처럼 만들어 제사를 지냈더니 강풍이 잠잠해져 무사히 건넜다고 전한다.

명나라의 『칠동류고(七佟類稿)』에서도 본래 만인의 머리를 본뜬 것으로 만두(灣頭)라고 하였으나 후에 음이 같은 만두 만(饅)을 써서 만두(饅頭)가 되었다.

떡국, 만두, 약식, 인절미, 단자, 주악, 편육, 빈대떡, 강정, 식혜, 수정과, 나박김치, 장김치 등과 세주(歲酒)를 차린다.

떡국(餠湯) : 정월 초하루에는 반드시 떡국을 먹는데, 흰떡은 멥쌀가루를 쪄서 안반 위에 놓고 떡메로 쳐서 몸이 매끄럽고 치밀하게 되도록 한 다음 가래떡으로 만든다. 이것을 얇고 어슷하게 썰어서 떡국거리로 하며, 쇠고기, 꿩고기, 닭고기 등으로 장국을 만든다. 고명은 따로 살코기를 다져 볶은 것과 황·백 지단을 쓰며 살코기와 움파를 꼬치에 꿰어 만든 산적을 얹기도 한다. 개성 지방에서는 손으로 비벼 둥글고 길게 문어발

그림 4-1 정월 초하루 상차림

표 4-1 월별 세시음식

음 력	절 기	월별 세시음식
1월	설날	떡국, 만두국, 편육, 닭찜, 갈비찜, 사태찜, 생선찜, 떡찜, 족편, 고기전, 내장전, 생선전, 굴전, 빈대떡, 화양적, 누름적, 김치적, 삼색나물, 겨자채, 잡채, 신선로, 장김치, 배추김치, 두텁떡, 절편, 꽃절편, 인절미, 정과, 강정, 약과, 다식, 산자, 식혜, 수정과 등
	대보름	오곡밥, 김구이, 복쌈, 묵은 나물, 원소병, 부럼, 귀밝이술 등
2월	중화절	노비송편 등
3월	삼짇날	탕평채, 진달래화전, 진달래화채, 화면, 수면, 두견화주 등
4월	초파일	미나리강회, 파강회, 골동면, 볶은콩, 미나리나물, 느티떡, 쑥떡, 각색주악, 증편, 어채, 웅어회, 도미회 등
5월	단오	제호탕, 준치만두, 준치국, 붕어찜, 옥추단, 생실과, 도행병, 증편, 수리취떡, 앵두편, 앵두화채 등
6월	유두	유두면, 편수, 임자수탕, 어선, 어채, 구절판, 밀쌈, 상화병, 연병, 화전(봉선화, 감꽃잎, 맨드라미), 복분자화채, 보리수단, 떡수단 등
	삼복	육개장, 삼계탕, 개장국, 임자수탕, 민어구이, 잉어구이, 복죽, 칼국수, 오이소박이, 증편, 복숭아화채 등
7월	칠석	규아상, 임자수탕, 영계찜, 어채, 밀전병, 밀국수, 열무김치, 깨찰편, 밀설기, 주악, 수박화채 등
8월	한가위	햅쌀밥, 토란탕, 갈비찜, 닭찜, 송이산적, 잡채, 김구이, 나물, 오려송편, 밤단자, 배숙, 햇밤, 율란, 조란, 생실과 등
9월	중양절	도루묵찜, 감국전, 국화전, 밤단자, 유자정과, 유자화채, 배화채, 유자차, 국화주, 생실과 등
10월	상달	연포탕, 붉은팥시루떡, 무시루떡 등
11월	동지	팥죽, 동치미, 냉면, 골동면, 전약, 경단, 식혜, 수정과, 생실과 등
12월	섣달 그믐	떡국, 만두, 골동반, 완자탕, 갖은 전골, 장김치, 족편, 돼지고기찜, 내장전, 설렁탕, 인절미, 주악, 강정, 정과, 식혜, 수정과 등

같이 늘여 놓은 떡(券摸, 비빈떡, 골무떡)을 장국이 펄펄 끓을 때 누에고치 모양으로 잘라서 만든 조랭이떡국을 끓이며, 충청도 지방에서는 생떡국, 이북지방에서는 만두국을 끓이기도 한다.

세주(歲酒) : 세주의 대표는 도소주(屠蘇酒)인데 사람의 혼을 깨어나게 한다는 뜻으로 육계(肉桂), 산초(山椒), 백출(白朮), 방풍(防風) 등 여러 가지 약재를 넣어 만든 술로 설날에 마시면 병이 생기지 않고 오래 살 수 있다고 전한다.

유과(油果)류 : 찹쌀가루를 술로 반죽하여 그늘에 말린 후 튀기면 부푸는데 이것에 조청을 바르고 그 위에 고물을 묻힌 것이 유과이며 강정, 산자, 빙사과 등이 있다.

(2) 입 춘

입춘오신반(立春五辛盤)이라고 하여 움파, 산갓, 당귀싹, 미나리싹, 무 등의 5가지 매운 생채요리와 음식으로는 탕평채(蕩平菜), 승검초산적, 죽순나물, 죽순찜, 달래장, 달래나물, 냉이나물, 산갓김치를 먹는다. 추운 겨울을 지내는 동안 신선한 채소를 섭취하지 못하는 선인들에게는 비타민을 보충할 수 있는 좋은 절식이다.

(3) 정월 대보름

정월 대보름(上元日, 烏忌日)은 음력 정월 보름으로 상원(上元)을 일컬으며 중원(7월 보름), 하원(10월 보름) 등 삼원 가운데 으뜸이다. 신라시대부터 지켜온 명절로 달이 가득찬 날이라 하여 재앙과 액을 막는 제일(祭日)이다.

귀밝이술(耳明酒) : 보름날 청주 한 잔을 데우지 않고 마시면 귀가 밝아진다 하여 귀밝이술이라고 한다.

오곡밥(五穀飯) : 오곡반 혹은 백 집에 나누어 먹는 것이 좋다는 뜻의 백가반(百家飯)이라고 하였다. 5가지 이상의 곡식을 섞어 지은 밥으로 평소 세 번 먹는 밥을 이 날은 아홉 번 먹어야 그 해 운이 좋다고 하여 세 집 이상의 여러 집에서 오곡밥을 서로 나누어 먹었다.

약식의 유래

『삼국유사』에 보면 신라 때 소지왕(487년)이 정월 보름날 천천정(天泉亭)으로 거동하였는데 까마귀와 쥐가 나타나서 쥐가 말하기를 까마귀 가는 곳을 쫓으라고 하거늘, 왕이 말을 탄 군사를 시켜 쫓아 가다가 남으로 벽촌에 이르러 돼지가 싸우는 것을 보느라고 까마귀를 잃어버렸다. 이때 한 노인이 연못에서 나와 왕에게 쪽지를 갖다 바치니 겉봉에 '이 봉투를 열어 보면 두 사람이 죽고 그렇지 않으면 한 사람이 죽는다'고 써 있었다. 왕은 차라리 한 사람이 죽는 것이 낫겠다고 생각하여 뜯어보지 않기로 했는데, 일관(日官)이 '두 사람은 서민이요, 한 사람은 왕이다'고 해석하여 뜯어보니 '사금각(射琴匣) 거문고 집을 쏘아라'고 써 있어 왕이 환궁하여 금갑을 쏘니 내전에 드나드는 중이 궁주(宮主)와 간통하고 숨어 있다가 죽음을 당했다. 이때부터 15일을 까마귀 기리는 날(烏忌日)로 삼고 까마귀가 좋아하는 찰밥으로 검은색 물을 들인 약식을 대접하였다고 한다.

약식 : 찹쌀에 흑설탕으로 검은색 물을 들여 대추, 밤, 꿀, 잣 등을 섞어 찐 음식으로 약밥(藥食)이라고도 한다.

묵은 나물 : 가을철부터 말려 두었던 아홉 가지의 묵은 나물(陳菜)인 고사리, 고비, 도라지, 가지, 무, 숙주, 콩나물, 오가리, 시래기, 호박고지, 박고지 등으로 만들며, 이것을 먹으면 더위를 타지 않는다고 하였다.

복쌈 : 김이나 배춧잎, 취잎 등 넓은 채소잎에 밥을 싸서 먹는 것을 말하며, 여러 개

그림 4-2 정월 대보름 상차림

만들어 그릇에 볏단 쌓듯이 높이 쌓아서 성주신에게 올린 다음 먹으면 복이 온다고 하였다.

부럼(腫果, 固齒之方) : 아침에 눈뜨는 대로 날밤, 호두, 은행, 잣 등의 부럼을 깨물면 1년 동안 무사태평하고 종기나 부스럼이 나지 않고 이가 단단해진다고 하였다.

원소병(元宵餠) : 원소병은 찹쌀가루를 색색으로 반죽하여 대추와 설탕을 넣어 조린 소를 넣고 둥글게 만들어 익혀서 꿀물에 띄워내는 음청류이다.

2) 2월

중화절식(中和節食)은 음력 2월 초하루를 농사일을 시작하는 날로 삼고 노비일 혹은 머슴날로 불렀으며 온 집안을 깨끗이 청소하는 풍습이 있었다.

이 날은 정월 보름날 벼가릿대에서 벼이삭을 내려다가 까만 콩, 푸른 콩 또는 팥의 속을 넣어 달걀만 하게 송편(松餠)을 만들어 솔잎을 깔고 쪄낸다.

예전에는 노비일(奴婢日, 머슴날)이라 하여 종들에게 나이수대로 먹여 머슴들을 위로하고 격려하는 뜻에서 노비송편이라고도 하며, 권농과 인사관리의 의미가 깊다.

그림 4-3 노비송편

3) 3월

삼짇날은 음력 3월 3일로 중삼절식이라고 하여 강남에 갔던 제비가 돌아온다는 날이다. 삼월삼일에는 들에 나가 진달래화전, 화면, 진달래화채, 향애단, 쑥떡, 탕평채 등을 만들어 먹으며 봄을 즐겼다.

진달래화전(杜鵑花煎) : 찹쌀가루를 반죽하여 둥글납작하게 빚은 후 꽃술을 뗀 진달래꽃을 위에 붙여 지진다. 예전에는 진달래꽃을 따서 꽃술을 빼고 곱게 빻은 찹쌀가루에 버무려 한 입에 먹을 크기로 둥글납작하게 빚어 참기름에 지지기도 하였다.

화면(花麵) : 오미자를 찬물에 담가서 우려내어 꿀을 타서 만든 오미자국에 녹두 녹말을 풀어 반죽하여 익힌 것을 국수처럼 가늘게 썰어 띄우고, 실백을 곁들인다. 또는 진달래 꽃잎을 녹두 녹말에 함께 반죽하여 만들기도 한다.

그림 4-4 진달래화전

창면 : 녹두 녹말을 물에 풀어서 놋쟁반에 얇게 펴 끓는 물에 중탕하여 익히다가 반만 익으면 더운물 속에 담가 말갛게 익힌다. 그 후 찬물 속에서 얇은 조각을 떼어내어 돌돌 말아 채 썰어 오미자 국물에 띄워낸다. 착면, 책면, 수면(水麵), 청면(淸麵)이라고도 한다.

진달래화채 : 오미자(五味子)를 찬물에 담가 우려내어 꿀을 달게 타고 진달래꽃의 꽃술을 뺀 뒤 녹두 녹말에 묻혀 끓는 물에 살짝 익혀 건져 오미자 국물에 실백과 함께 띄워낸다. 화면이라고도 하며, 녹두 녹말을 반죽하여 익힌 것을 국수처럼 가늘게 썰어 오미

그림 4-5 삼월 삼짇날 상차림

자 국물에 띄우고 실백을 곁들인 것도 화면이라고 한다.

향애단 : 향기로운 쑥을 데쳐서 찹쌀에 섞어 경단을 만들고 꿀에 버무려 녹두 고물, 팥 고물 등을 묻힌다.

그 밖에 개피떡, 두견화주, 송순주, 과하주 등이 있다.

4) 4월

(1) 한 식

한식(寒食)은 청명절(淸明節)이라고도 하며 동지로부터 105일째 되는 날로서 이 날은 불을 쓰지 않고 찬 음식을 먹고 종묘, 능원에서 제향을 지낸다. 성묘길에 가지고 가는 음식은 약주, 과일, 포, 식혜, 떡, 국수, 탕, 적 등이다. 또한 메밀국수를 해 먹는데 이것을 한식면이라고 한다.

> **한식의 유래**
>
> 중국 춘추시대 진나라의 충신 개자추가 간신으로 몰려 그의 어머니와 면산에 숨어 살았는데 진문공이 뒤늦게 그의 충정을 알고 불렀으나 응하지 않았다. 산에 불을 놓아 나오길 기다렸으나 그는 어머니와 함께 자신을 버드나무에 묶어 그 자리에서 타 죽었다. 그래서 개자추의 혼령을 위로하기 위하여 한식에는 불을 사용하지 않고 더운밥을 삼가는 풍습이 생겼다.
>
> 그 후 위무제가 한식에 불을 안 피워 북쪽에서 얼어 죽는 사람이 많아 찬 음식 먹기를 금하였다고 한다.

(2) 등석절식

등석절식(燈石節食)은 4월 초파일 석가탄신일에 집집마다 연등하고 손님을 초대하여 유엽병, 볶은 콩, 미나리나물(미나리강회) 등 채소를 중심으로 한 상차림으로 대접한다.

그림 4-6 등석절식 상차림

유엽병(鍮葉餠) : 느티나무의 새싹을 쌀가루와 섞어 버무려 설기떡으로 찐다.

볶은 콩 : 검은콩을 깨끗이 하여 볶는다. 불가에서는 볶은 콩이나 삶은 콩을 먹는데, 길에서 누군가를 만날 때 나누어 주면 인연을 맺는다고 한다.

미나리나물 : 미나리를 끓는 물에 데치고 파를 섞어 초고추장에 무치는 나물로, 간혹 데친 미나리에 달걀지단, 고추 등을 넣어 말아서 초고추장에 찍어 먹는 강회를 만들기도 한다.

이외에도 녹두찰떡, 쑥편, 화전, 주악, 석이단자, 국수비빔, 해삼전, 양지머리편육, 차돌박이편육, 신선로, 도미찜, 웅어회, 도미회, 화채, 제육편육, 생실과, 햇김치, 장김치 등이 있다.

5) 5월

단오(端午)는 음력 5월 5일로 천중절(天中節), 중오절(重午節)이라고도 한다. 이 날은 양수 두 개가 포개져 큰 명절로 삼았으며 더운 여름을 맞이하는 명절이다. 여자들은 단옷날에 창포 달인 물로 머리를 감고 창포 뿌리에 분홍물을 들인 것을 머리에 꽂아 단장하였다. 또한 이 날에 여자들은 그네놀이, 남자들은 씨름을 명절놀이로 즐겼다.

수리취떡(艾葉餠, 車輪餠) : 술의취(戌衣翠)라고 불리는 잎을 잘 찧어서 떡에 섞으면 녹색으로 되는데, 이를 절편으로 만들어 수레바퀴 모양을 찍어 모양을 만든다. 수리취 대신 쑥을 데쳐서 넣은 것은 애엽고이다.

제호탕(醍醐湯) : 오매, 축사, 백단, 사향 등을 달여 꿀을 섞은 차가운 차로 임금님께 진상하였다.

옥추단(玉樞丹) : 궁중 내의원에서 만들었다가 제호탕과 함께 단옷날 임금님께 바치면 임금님이 다시 신하들에게 나누어 주던 풍습으로 일종의 구급약이다.

앵두편 : 앵두를 살짝 쪄서 굵은 체에 걸러 살만 발라 설탕을 넣고 조리다가 녹두 녹말을 넣어 굳힌 것이다.

앵두화채 : 단옷날 민가에서 즐겨 먹는 음료로 앵두를 깨끗이 씻어 씨를 빼고 설탕이나 꿀에 재워두었다가 먹을 때 오미자 국물에 넣어 실백을 띄운다. 이밖에도 준치만두, 도미찜, 준치죽, 붕어찜, 어채 등을 먹는다.

그림 4-7 오월 단오 상차림

6) 6월

(1) 유두

유두(流頭)는 음력 6월 보름에 동쪽으로 흐르는 물에 머리를 감고 재앙을 푼 다음 음식을 차려서 물놀이를 하였다. 증편, 떡수단, 보리수단, 상추, 편수, 어채, 상화병, 구절판 등을 절식으로 한다.

떡수단 : 가래떡(흰떡)을 잘게 썰어 염주알 만하게 둥글게 빚어 녹말가루를 묻혀 삶아 찬물에 건져서 오미자즙에 넣고 꿀을 타서 얼음을 넣고 실백을 띄운 시원한 음료이다.

보리수단 : 깨끗한 햇보리를 삶아서 한 알 한 알에 녹두 녹말을 묻혀 살짝 데쳐서 꿀을 탄 오미자 물에 넣고 실백을 띄운 음료이다.

유두면 : 햇밀가루를 반죽하여 염주알 같은 모양으로 잘게 만든 것을 다섯 가지 색으로 각각 물을 들여 세 개씩 색실에 꿰어

그림 4-8 보리수단

그림 4-9 유두 상차림

대문에 달아 매면서 그 해의 액운을 막았다고 한다.

상화병(霜花餅) : 밀가루로 반죽을 한 후 콩과 깨를 꿀에 섞은 소를 넣고 찐 것이다.

연병(蓮餅) : 밀가루를 기름에 지져서 오이 등의 나물소나 콩과 깨에 꿀을 섞은 소를 넣고 주름을 잡아 만든 음식으로 지금의 밀쌈과 비슷한 음식이다.

(2) 삼 복

하지 후 셋째 경일(庚日)을 초복, 넷째 경일을 중복, 입추 후 첫 경일을 말복이라고 하며, 이 셋을 통틀어 삼복(三伏)이라고 한다. 일년 중 가장 더운 절기이며 땀을 많이 흘려 피로를 느끼기 쉬우므로 몸을 보신하기 위한 음식으로 즐겼다.

복죽(伏粥) : 복죽은 팥과 쌀로 끓인 죽으로 더위를 이기고 열병을 예방하는 주술적인 의미가 있다.

구장(狗醬) : 삼복에 개를 푹 삶아 맵게 만든 개장국을 말하며, 땀을 흘린 후 먹으면 더위를 이기고 몸을 보양한다고 하였다.

육개장(肉介醬) : 개고기 대신 쇠고기로 얼큰하게 끓여 개장국의 맛을 낸 것이다.

그림 4-10 삼복 상차림

삼계탕(參鷄湯) : 영계(軟鷄)의 뱃속에 찹쌀과 마늘, 대추, 백삼을 넣어서 고아 끓인 음식으로 계삼탕이라고도 한다. 보통은 흰 살의 닭으로 하지만 검은 빛의 오골계에 백삼과 황기를 넣고 푹 고은 것을 더 귀하게 여긴다.

7) 7월

(1) 칠석

음력 7월 7일을 칠석(七夕)이라고 하며, 견우와 직녀가 오작교를 건너 1년에 한 번 만난다는 날이다. 부녀자들은 길쌈과 바느질을 잘하게 해달라고 직녀에게 기원하며 집집마다 옷과 책을 볕에 쪼이는 습관이 있다. 밀전병, 증편, 밀국수, 잉어와 넙치, 취와 고비나물, 복숭아화채, 오이소박이 등을 먹었다.

(2) 백중

백중(白衆), 백종(百種), 중원(中元), 망혼일(亡魂日)이라고도 하며 음력 7월 보름날

그림 4-11 칠석 상차림

에 채소, 과일, 오이, 산채나물, 다시마튀각, 각종 부각, 묵 등 사찰음식을 차려 놓고 돌아가신 어버이의 혼을 부르는 날이다. 이외의 절식으로는 게장, 게찜, 두부, 순두부, 햇과일, 수수나 감자, 떡, 어리굴젓, 멸치젓 등이 있다.

8) 8월

추석(秋夕)은 음력 8월 15일로 가배일(嘉俳日), 중추절(仲秋節), 가위, 한가위라고도 한다. 추석빔으로 단장하고 햇곡식을 추수하여 떡을 빚고 밤, 대추, 감 등의 햇과일을 따서 선조께 차례를 지내고 성묘하는 날이다.

절식으로는 오려송편, 토란탕, 화양적, 지짐누름적, 닭찜, 배숙, 율란, 조란, 밤초, 햇콩밥, 햇밤밥, 송이산적, 송이찜, 햇과일 등이 있다.

오려송편 : 햅쌀로 만든 송편을 말한다. 햅쌀을 빻아 익반죽하여 햇녹두, 청대콩, 거피팥, 참깨가루 등을 소로 하여 반달 모양으로 송편을 빚는다.

토란탕 : 토란이 많이 나는 계절이므로 소금을 넣은 속뜨물에 껍질 벗긴 토란을 살짝

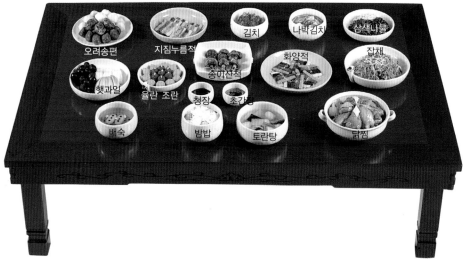

그림 4-12 추석 상차림

삶아 찬물에 헹군 다음 다시마, 쇠고기를 함께 넣어 맑은 장국으로 끓인다.

화양적 · 누름적 : 햇버섯, 도라지, 고기, 파 등을 꿰어 화양적을 만들거나 지짐누름적을 한다.

닭찜 : 가을에 한참 살이 올라 맛있는 햇닭으로 닭찜을 한다.

이외에 배숙, 햇밤으로 만든 율란, 밤초, 햇대추로 만든 조란 등을 먹었으며, 추석 날의 밥은 청대콩과 햇밤을 섞어 짓는다.

9) 9월

중구(重九)는 음력 9월 9일로 중광(重光), 중양(重陽)이라고도 하며, 삼월 삼짇날에 온 제비가 강남으로 떠나는 날이다. 절식으로는 국화전, 국화주, 유자화채, 도루묵찜 등이 있으며, 그 외 호박고지 시루떡, 단자 등이 있다.

국화전 : 찹쌀가루에다 국화잎이나 대추와 밤, 국화꽃잎을 얹으면서 화전을 부친다.

국화주 : 국화꽃잎을 섞어서 술을 빚는다.

그림 4-13 중구절 상차림

10) 10월

시월상달(午日)은 말날(馬日)이라고 하여 햇곡식으로 술을 빚고 시루떡을 만들어 마구간에 갖다 놓고 말이 잘 크고 무병하기를 빌었다.

무시루떡, 팥시루떡, 신선로, 국화전, 연포탕(軟泡湯 : 두부를 잘게 썰어 꼬치에 꿰어서 기름에 지져 닭고기와 같이 끓인 국)과 그 외 타락죽, 신선로, 전골 등 따뜻한 음식과 강정 등 한과를 먹는다.

11) 11월

동지(冬至)는 아세(亞歲)라고 하여 작은 설이라고 했으며 팥죽을 쑤어 먹었다. 찹쌀가루로 둥글게 빚은 새알심을 나이대로 세어 떠 주었으며, 팥죽은 귀신을 쫓는다 하여 장독대와 대문에 뿌리기도 하였다. 궁중에서는 내의원에서 쇠족, 쇠머리와 쇠가죽, 대추고, 계피, 후춧가루, 꿀을 넣어 고아 식힌 전약(煎藥)을 만들어 임금님에게 진상하였다.

팥죽의 유래

중국의 『형초세시기』에 공공씨(共工氏)의 망나니 아들이 동짓날에 죽어서 역신(疫神)이 되었는데, 그 아들이 평소에 팥을 싫어했기 때문에 사람들이 동짓날에 팥죽을 쑤어 역신을 쫓아냈다고 한다.

12) 12월

(1) 납 향

동지를 지나고 3번째의 미일(味日)을 납향(臘享) 또는 납일(臘日)이라고 하여 종묘와 사직에 큰 제를 지냈다. 절식으로는 전약, 제육, 참새고기구이, 산토끼구이 등이 있다.

그림 4-14 시월상달 상차림

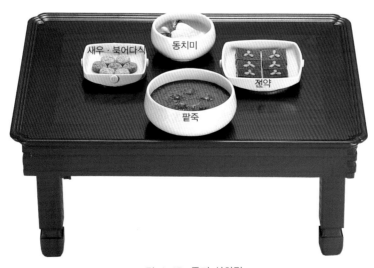

그림 4-15 동지 상차림

그림 4-16 섣달 그믐 상차림

(2) 섣달 그믐

대회일(大晦日)이라고도 하며, 이날 밤은 1년을 마무리하고 새로운 마음으로 새해를 맞는다고 하여 제야(除夜) 또는 제석(制夕)이라고도 한다. 절식으로는 골동반, 각색전, 완자탕, 잡과병, 주악, 떡국, 만두, 모듬전골, 장김치, 정과, 수정과, 식혜 등이 있다.

2. 우리나라의 시식

1) 봄철 시식

봄에는 여러 가지 새로운 식재료가 많이 나오므로 그 시식의 종류가 다양하다. 대표적인 것으로는 탕평채, 수란 그리고 웅어 등으로 만든 생선 음식이 있다.

탕평채는 청포묵에 볶은 쇠고기, 숙주, 미나리, 물쑥 등을 넣고 무친 음식으로 청포묵을 간장으로만 무치던 것을 영조 때 당쟁을 폐지하고자 탕평책을 실시하면서 여러 가지 채소를 섞어 묵무침으로 한 것에서 유래하였다.

수란은 끓는 물에 달걀을 깨뜨려 넣고 반숙하여 초간장과 함께 먹는다.

웅어는 한강 하류 고양군 양주에서 나는 물고기로 회나 웅어감정을 만들어 먹으며 왕가에도 진상하였다.

이외에 모시조개탕, 생선조기탕, 미나리를 넣어 끓인 복어탕·도미탕이나 찜들이 별미이며, 마를 캐어 쪄서 꿀을 찍어 먹는 서여증식(薯蕷蒸食), 쑥색과 흰색으로 만든 개피떡, 찹쌀에 대추·밤을 섞어서 찐 대추찹쌀시루떡이 봄철의 별미이다. 또한 봄철의 계절주로는 두견화주·도화주·송순주·삼해주·감홍로·벽향주·이강고·죽력고·사마주 등이 있다. 남산 아래서는 양조를 잘하여 좋은 술이 많고, 북쪽 북촌에는 좋은 떡을 잘해 남주북병(南酒北餠)이라는 말이 전해지고 있다.

2) 여름철 시식

초여름철 시식으로는 밀쌈, 증편, 삼화병, 닭칼국수, 편수, 임자수탕 등이 있다. 밀쌈은 오이, 버섯, 고기 등을 가늘게 채 썰어 볶은 것을 얇게 부친 밀전병에 말아 싼 것이다. 상화병은 쌀가루를 술에 반죽하여 부풀게 한 증편이나, 밀가루를 술로 반죽하여 부풀게 한 것에 팥소, 채소, 고기 등을 소로 넣은 것이다.

삼복 중에는 밀가루로 칼국수를 만들어 오이, 호박 등을 넣고 닭 국물에 끓인 닭칼국수 또는 미역을 섞어 끓인 수제비, 닭을 잡아 뱃속에 인삼, 대추, 찹쌀을 넣어 고은 삼계탕 등의 시식이 있다. 또한 밀가루 반죽을 얇게 밀어 네모로 썰어 오이, 고기, 버섯 등을 볶아 네모지게 싼 편수, 영계를 고아서 받인 국물과 거피한 깨를 볶아서 갈아 받인 국물에 여러 가지 채소를 넣어 만든 임자수탕 등이 있다.

이 때는 민어가 좋은 철이어서 호박을 넣어 맵게 지짐하여 먹기도 하고, 민어를 말려서 암치를 만들기도 한다. 칠월 하순에는 박고지와 호박고지를 켜서 말리고 오이와 가지는 소금에 절여서 간수한다.

3) 가을·겨울철 시식

가을과 겨울철의 시식으로는 전골 또는 신선로(열구자탕), 메밀만두, 밀만두, 떡볶

청어

청어는 조선시대 사철 내내 잡히던 생선이었다. 『성호사설』에 의하면 가을이면 함경도에서 겨울이면 경상도에서 봄이면 전라도와 충청도에서 봄과 여름 사이에는 황해도에서 생산되었는데, 차츰 서쪽으로 옮겨감에 따라 점점 작아지며 흔해지기 때문에 사람마다 먹지 않는 이가 없다고 기록되어 있다.

가난한 유생들도 먹을 수 있어 유생을 살찌우는 생선이라는 뜻으로 '肥儒魚' 또는 '비웃'이라고 하였다. 또 청어 말린 것은 '관목(貫目)' 또는 '과매기'라고 하여 박날나무를 태워 훈제하여 궁에 진상하기도 하였다. 과매기는 쪄 먹거나 쑥국에 넣어 탕을 끓여 먹기도 하였는데 근래에는 청어 대신 꽁치 말린 것을 과매기라고도 한다.

이, 갈비요리, 너비아니구이, 두부찌개, 호박고지시루떡, 무시루떡, 여러 가지 삶은 떡류 등이 있다. 메밀국수를 동치미에 말고 배추김치, 삶은 돼지고기 등을 얹은 차가운 냉면, 밀국수를 배, 밤, 쇠고기, 돼지고기 등과 합하여 기름, 간장으로 비빈 비빔국수, 설렁탕, 곰국류도 겨울철 시식의 하나이다. 청어, 대구, 꿩 등이 겨울철의 특미이고, 동치미와 수정과도 추운 겨울에 즐겨 먹던 시식이다.

5
궁중 상차림

고려말이나 조선조 궁중 음식은 경국대전이나 각종의궤, 음식발기, 왕조실록 등의 문헌을 통해 알 수 있다. 궁에서는 전국에서 진상된 식품재료로 주방상궁이나 숙수들이 음식을 만들었다. 이러한 궁중의 음식은 민가에 하사되고, 사대부에서는 궁중으로 음식을 진상하여 왕족과 사대부가와의 음식의 교류가 있었으므로 궁중 음식이 사대부가 음식과 유사하다.

궁중의 음식상으로는 어상(御床), 수라상(水剌床), 큰상, 연회상, 제상(祭床) 등으로 나누어진다.

궁에서 경사가 있을 때는 연회를 베풀며 특별하게 연회 음식을 장만하지만 평상시에는 수라상, 낮것상, 죽상, 응이상, 그리고 다소반과(茶小盤果)라고 하는 면상과 다과상 등의 일상식이 차려진다. 궁중일상식에 대한 자료는 연회식에 대한 자료보다 적으며 『원행을묘정리의궤(圓幸乙卯整理儀軌), 1795』가 유일한 근거 자료이다.

1. 궁중일상식

1) 수라상차림

수라상(水剌床)은 왕, 왕비, 대비와 대왕대비께 올리는 밥상으로 탕약을 드시지 않는 날에는 7시 전에 초조반으로 죽이나 응이, 미음 등의 유동 음식을 기본으로 젓국찌개, 동치미, 마른 찬을 차리는 간단한 죽수라를 올리고, 아침 10시경에 아침수라를, 오후 1시 또는 2시경에는 낮것상이라고 하여 면상이나 다과상(궁중 반과상; 宮中 盤果床)을, 저녁 5시경에는 저녁수라를, 밤 9시경에는 면, 약식, 식혜, 우유죽(타락죽) 등을 잡수시는 등 하루에 5번 정도 올렸다. 초조반상을 안 올린 날에는 점심상으로 죽상을 올렸고 생일이나 손님이 오셨을 때는 면을 중심으로 한 반과상을 올렸다.

수라상은 큰 원반, 작은 원반, 책상반의 3개의 상과 전골을 끓이기 위한 화로와 전골틀로 구성되었다.

수라는 주식으로 흰수라와 팥수라, 미역국과 곰탕, 세 가지 김치와 장, 쌍조치, 찜 또는 선, 전골을 기본반찬으로 하고 여기에 숙채, 생채, 더운 구이나 적, 찬 구이나 적, 조림(조리개), 전유어(저냐), 마른 찬이나 좌반, 젓갈, 별찬이나 회, 편육이나 숙육, 장아찌나 장과, 별찬이나 수란 등 12첩반상이 차려진다. 즉, 큰 원반(대원반)에는 흰수라와 미역국(곽탕)을 앉은 쪽에 놓고, 송송이(깍두기의 궁중용어), 젓국지(배추김치의 궁중용어), 동치미를 맨 윗줄에 그 다음 줄에 채소(현재의 나물), 마른 찬 또는 약포나 자반과 조리개, 전유어를 놓고 그 다음에 장과, 젓갈, 편육을 놓았는데 장은 음식에 따라 청장, 초장, 겨자즙 또는 초고추장을 놓았다. 또한 좌측에는 반드시 토구를 놓아 생선의 가시나 뼈를 골라 버리는 데 사용하고, 두 개의 수저를 놓아 기름기 있는 음식과 없는 음식에 각각 사용하였다. 작은 원반(소원반)에는 팥수라(홍반)와 곰탕, 찜, 육회, 수란, 구이 등의 별찬과 차수(숭늉)를 두었다가 적절한 때에 큰 원반으로 옮겨 놓았으며, 사기 및 은으로 된 빈 접시, 기미(왕이 수라를 드시기 전에 독이 있는지를 알아보기 위하여 큰방상궁이 먼저 음식 맛을 보는 것)용이나 음식을 덜 때 쓰기 위한 여벌 수저 세 벌을 놓고, 책상반에는 쌍조치(2개의 조치)와 전골, 탕, 더운 구이를 놓았다. 『원행을묘정리의궤(園幸乙卯整理儀軌), 1795년』에 의하면 수라에는 15기가 올려졌으며 죽수라에도 15기가 올려졌는데, 원반에 은기를 사용하여 12기를 올리고 작은 원반에 낙제탕(낙지탕), 전치증(꿩고기 찜), 각색적을 사기에 올린 기록을 볼 수 있다.

표 5-1 수라상차림에 사용된 음식

분류		음 식 명
기본음식	수라(2)	골동반, 오곡수라, 팥수라, 흰수라
	탕(2)	가리탕, 곰탕, 곽탕, 깨국탕, 두골탕, 맑은탕, 무황볶이탕, 배추속대탕, 봉오리탕, 북어탕, 생선탕, 설농탕, 송이탕, 애탕, 어알탕, 연배추탕, 육개장, 잡탕, 황볶이탕, 참외탕, 청파탕, 초교탕, 콩나물탕, 토란탕, 호박꽃탕
	김치(3)	나박김치, 닭김치, 동치미, 보쌈김치, 무비늘김치, 배추통김치, 석류김치, 섞박지, 송송이, 열무김치, 오이비늘김치, 오이소박이, 오이송송이, 오이지, 장김치, 젓국지
	장(3)	겨자즙(또는 초고추장), 청장, 초간장
	찌개/조치(2)	꽃게조치, 달걀조치, 김치조치, 된장조치, 명란젓조치, 무조치, 생선조치, 절미된장조치, 깻잎조치
	찜 또는 선	가리찜, 궁중닭찜, 꽃게찜, 닭백숙, 닭북어찜, 대하찜, 대합찜, 떡찜, 도미찜, 돈육찜, 민어부레찜, 북어찜, 배추꼬리찜, 사태찜, 생복찜, 생선찜, 배추속대찜, 송이찜, 우설찜, 육찜, 죽순찜, 떡볶이, 가지선, 두부선, 무왁저지, 배추선, 어선, 오이선, 호박선
	전골	각색전골, 납평전골, 노루전골, 두부전골, 돈육전골, 생선전골, 생치전골, 송이전골, 쇠고기전골, 신선로, 채소전골, 콩팥전골
찬품	숙채	고비나물, 고사리나물, 도라지나물, 무나물, 묵채, 물쑥나물, 미나리나물, 숙주나물, 애호박채(눈썹나물), 오가리나물, 오이나물, 취나물, 원추리나물, 구절판, 월과채, 잡채, 족채, 죽순채
	생채	겨자채, 달래생채, 더덕생채, 도라지생채, 무생채, 파생채
	더운 구이/적	가리구이, 간구이, 꼴뚜기구이, 너비아니, 닭구이, 대합구이, 돈육구이, 돼지족구이, 뱅어포구이, 민어소금구이, 생치구이, 염통콩팥구이, 제육구이, 편포구이, 김치적, 두릅적, 닭산적, 떡산적, 섭산적, 어산적, 잡누름적, 파산적, 사슬적, 육산적, 잡누름적, 잡산적, 장산적, 미나리적, 송이산적
	찬 구이/적	더덕구이, 김구이
	조림(조리개)	감자조리개, 두부조리개, 생치조리개, 우육조리개, 장산적, 장똑똑이, 전복초, 편육조리개, 풋고추조리개, 해삼초, 홍합초

분류		음 식 명
찬 품	전유어 (저냐)	가지전, 간전유아, 계전, 굴전, 대하전, 대합전, 두부전, 등골전, 묵전, 민어전, 뱅어전, 부아전, 삼색전, 생선전, 알쌈, 양전유아, 양동구리, 연근전, 완자전, 처녑전, 파전, 풋고추전, 표고전, 해삼전, 호박전
	마른 찬/ 자반	노루포, 대추편포, 생치포, 약포, 민어포, 장포, 칠보편포, 편포, 전복쌈, 포쌈, 국화잎부각, 김부각, 김자반, 깨송이부각, 깻잎부각, 다시마튀각, 매듭자반, 미역자반, 호두튀각, 콩자반, 마른새우볶음, 묵볶이, 북어보푸라기
	젓갈	대구모젓, 명란젓, 새우젓, 소라젓, 어리굴젓, 조개젓, 조기젓
	별찬/회	각색볶음, 각색회, 갑회, 굴회, 대하회, 두릅회, 미나리강회, 생선회(민어회), 생회, 양볶이, 어채, 육회, 잡회, 전복회, 파강회, 홍합회
	편육/숙육	사태편육, 양지머리 편육, 우설편육, 제육편육, 용봉족편, 전약, 족편, 족장과
	장아찌/ 장과	감장아찌, 굴비장아찌, 깻잎장아찌, 더덕장이찌, 도토리묵 장아찌, 두부장아찌, 무갑장과, 무장아찌, 마늘장과, 미나리장과, 배추속대장과, 산초장아찌, 삼합장과, 송이장과, 열무장과, 오이장과, 오이장아찌, 콩잎장아찌, 통마늘 장아찌, 풋고추장아찌, 홍합장과
	별찬/수란	육·어패류·채소류의 생회, 수란, 미역자반, 매듭자반 등
	차수	숭늉 또는 보리차

수라상 용어풀이

- 가리탕 : 갈비탕
- 갑회 : 양, 처녑, 간 등을 얇게 저며 가운데 잣을 넣고 말아 놓은 회
- 골동반 : 비빔밥
- 곽탕 : 미역국
- 납평전골 : 납평일에 노루고기, 산돼지, 꿩고기, 쇠고기, 내장 등 여러 가지 고기로 만든 전골

- 무황볶이탕 : 무쇠고기국
- 묵채 : 탕평채, 즉 녹두묵 무침
- 봉오리탕 : 쇠고기 장국에 완자를 넣은 완자탕
- 부레찜 : 주로 민어의 부레로 만든 찜
- 부아전 : 소 허파전
- 생치전골 : 꿩고기를 주재료로 한 전골
- 섞박지 : 무와 배추를 절여 만든 김치
- 송송이 : 깍두기
- 애탕 : 쑥국
- 애호박채 : 애호박 나물로, 씨 부분을 긁어 눈썹 모양으로 만든 것은 눈썹나물이라 함
- 어알탕 : 흰살 생선으로 만든 완자탕
- 연배추탕 : 쇠고기 장국에 연배추 등 푸른 잎 채소를 넣은 탕
- 용봉족편 : 우족과 꿩고기로 만든 족편
- 우육조리개 : 쇠고기 장조림
- 월과채 : 애호박을 위주로 한 나물에 찹쌀전병을 썰어 버무린 후 황 · 백 지단으로 고명을 한 것
- 잡탕 : 쇠고기와 내장으로 만든 탕
- 전약 : 소 껍질 부분을 고아서 한방 재료를 넣고 끓인 후 굳혀서 썬 것
- 전유화 : 전유어의 궁중용어로 전유아, 저냐라고도 함
- 절미된장조치 : 절 메주로 담은 장을 간장 빼고 오래 묵혀 두었다가 그 장으로 끓인 찌개
- 젓국지 : 배추김치
- 조치 : 찌개
- 족장과 : 우족을 푹 고아 간장 양념한 것
- 족채 : 족편, 편육과 여러 가지 채소를 무치고 황 · 백 지단으로 고명을 한 것
- 차수 : 보리차
- 청파탕 : 쇠고기 장국에 파를 넣은 국
- 초교탕 : 닭고기, 쇠고기, 표고버섯, 채소를 밀가루와 달걀 푼 것에 넣고 섞어서 맑은 장국에 한 수저씩 떠 넣어 끓인 탕
- 포쌈 : 약포처럼 양념한 쇠고기에 잣을 서너 개 놓고 싸서 가장자리를 붙여 반달 모양으로 오려 놓은 포
- 황볶이탕 : 쇠고기국

수라상

수라란 우리 고유의 말이 아닌 고려말 몽고의 부마국(사위의 나라)시대에 몽고에서 전해진 말로 수라를 드시는 것은 '수라를 젓수신다' 라고 한다.

퇴선과 퇴선간

수라상을 물리는 것을 퇴선(退膳)이라고 한다. 퇴선간이란 약식 부엌-찬마루 같은 곳으로 이곳에서 물린 수라상의 음식을 다른 그릇에 옮겨 담고 밥을 새로 지어 지밀 상궁 나인들이 식사를 하기 시작하여 3, 4 차례 물리면서 다 먹게 된다. 물리는 순서는 1차로 큰방상궁을 중심으로 아주 고참급 노상궁들이 먹고 그 다음이 50, 40대, 다음이 30대, 20대 젊은이와 10대 생각시의 순서로 교대로 먹었다. 또한 퇴선간에서는 상을 물리는 일뿐만 아니라 수라를 짓고 안소주방에서 차려 들어온 음식인 국(湯)이나 구이 등 식은 것을 다시 데워 상을 차려 올리는 중간 부엌 같은 역할도 하였다.

수라상의 수라와 탕

수라상에는 큰 원반에 흰수라와 곽탕(미역국)을 놓고 작은 원반에 팥수라와 곰탕을 놓아 팥수라를 원하시면 흰수라와 곽탕 자리에 팥수라와 곰탕으로 바꾸어 드린다.

수라를 담는 그릇

수라의 찬품을 담는 그릇은 계절에 따라 다른데 추석부터 다음해 단오까지는 은기나 유기 반상기를, 단오부터 추석 전까지는 사기 반상기를 사용하였고, 수저는 일년 내내 은수저를 사용하였다.

2) 죽수라상

수라의 주식이 밥이냐 죽이냐에 따라 수라와 죽수라로 구별하며 찬품의 형식은 둘 다 일정하다.

궁중에서는 아침 수라를 10시경에 드시므로 보약을 드시지 않는 날에는 유동식으로 보양이 되는 죽, 미음, 응이 등을 이른 아침에 초조반상으로 차린다. 죽으로는 흰죽, 잣죽, 낙죽(酪粥, 우유죽), 깨죽, 흑임자죽, 행인죽 등이 올려진다.

미음으로는 차조미음, 곡정수(穀精水), 삼합미음을 올리고, 응이로는 율무응이, 갈분응이(칡전분 응이), 녹말응이, 오미자응이 등이 올려진다.

그림 5-1 수라상

죽, 미음, 응이상의 찬품으로는 어포, 육포, 암치보푸라기, 북어보푸라기, 자반 등의 마른 찬을 두 세 가지 차리고, 나박김치나 동치미 같은 국물김치와 새우젓이나 소금으로 간을 한 맑은 조치와 조미에 필요한 소금, 꿀, 청장 등을 종지에 담아 올린다. 1795년 문헌에 기록되어 있는 미음상에는 여행이나 질병 중에 미음, 고음, 각색정과 등이 올라가는 것으로 되어 있다.

(1) 죽 상

북어보푸라기　나박김치
소금　꿀
호박젓국찌개
타락죽

그림 5-2　죽상

죽은 밥이나 떡보다 먼저 시작된 음식으로 아침 대용식 및 노인식, 구황식, 별식 등으로 먹었다. 죽은 흰죽을 기본으로 곡물이나 근채류의 전분을 주원료로 하여 단백질 식품이나 약용식품 재료를 넣고 5~7배의 물을 부어 오랫동안 끓여 완전히 호화시킨 것이다. 흰죽은 쌀알을 그대로 끓인 옹근죽과 쌀알을 반 정도 잘 찧어서 만든 원미죽, 완전히 곱게 갈아서 만든 무리죽으로 구분된다. 이밖에도 재료에 따라 흰죽, 장국죽, 두태죽, 채소죽, 어패류죽, 비단죽으로 구분한다.

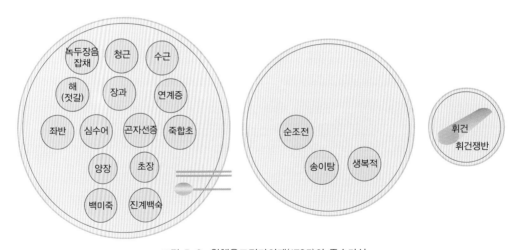

녹두장음
잡채　청근　수근
해(젓갈)　장과　연계증
좌반　심수어　곤자선증　죽합초
양장　초장
백미죽　진계백숙

순조전
송이탕　생복적

휘건
휘건쟁반

그림 5-3　원행을묘정리의궤(1795)의 죽수라상
출처 : 김상보, 조선왕조궁중연회식 의궤음식의 실제, 수학사, p. 22, 2001.

| 죽수라상 용어풀이 |

- 백미죽(白米粥) : 흰죽
- 진계백숙(陳鷄白熟) : 늙은 닭 백숙
- 좌반(佐飯) : 장산적, 북어무침, 고추장 볶음을 한 접시에 담은 것
- 곤자선증(昆子選蒸) : 곤자손이 찜
- 연계증(軟鷄蒸) : 어린 닭찜
- 녹두장음잡채(綠豆長音雜菜) : 숙주나물 잡채
- 청근(菁根) : 무
- 수근(水芹) : 미나리
- 순조전(鶉鳥煎) : 메추라기전

표 5-2 죽상 분류도

분 류	음 식 명
죽	녹두죽, 대추죽, 잣죽, 전북죽, 팥죽, 행인죽, 홍합죽, 흑임자죽, 흰죽
김치	나박김치, 동치미
맑은 찌개	호박젓국조치, 굴두부조치
마른 찬	어포, 육포, 북어 보푸라기, 암치 보푸라기, 미역자반
간	꿀, 간장, 소금

(2) 미음상

미음은 쌀 등의 곡류에 10배 정도의 물을 부어 껍질만 남을 정도로 충분히 고아 체에 밭인 것이다. 궁중에서의 미음상은 초조반으로 올려졌다기보다는 여행 중이나 병이 났을 때 몸보신을 위하여 올렸던 것으로 보통 미음, 고음(곰국), 각색정과 3기를 담아 올렸다.

그림 5-4 미음상

표 5-3 미음상 분류도

분 류	음 식 명
미음	쌀미음, 삼합미음, 속미음, 조미음, 차조미음
고음	도가니고음, 부어고음, 생치고음, 양고음, 어육고음, 연계고음, 우둔고음, 전복고음, 진계고음, 홍합고음
김치	나박김치, 동치미
간	소금, 간장, 꿀
각색정과	각색정과

│미음상 용어풀이│

• 삼합미음(三合米飮) : 마른 해삼, 홍합,
  전복, 쇠고기와 찹쌀로 쑨 미음
• 속미음 : 찹쌀, 대추, 황률로 쑨 미음

• 부어고음 : 붕어 고음
• 연계고음 : 어린 닭 고음
• 진계고음 : 늙은 닭 고음

그림 5-5 응이상

(3) 응이상

응이는 원래 율무라는 의이(薏苡)에서 왔으나, 요즘은 곡물을 곱게 갈아서 전분을 가라앉혀 앙금으로 쑨 죽을 응이라고 한다.

표 5-4 응이상 분류도

분 류	음 식 명
응이	갈분응이, 오미자응이, 율무응이
김치	나박김치, 동치미
마른 찬	육포, 북어보푸라기
기타	소금, 꿀

3) 궁중반과상

대개 왕이 수라를 드시는 사이사이에 잡수시는 다과상을 궁중반과상(盤果床)이라고 한다.

반과상은 올려지는 시간에 따라서 조다소반과(早茶小盤果), 주다소반과(晝茶小盤果), 야다소반과(夜茶小盤果), 만다소반과(晩茶小盤果) 등으로 불렸으며, 올려지는 음식으로는 면, 탕, 적, 전유어, 어채, 찜, 조과, 떡(餠), 생과, 음청류 등을 위주로 하여 일상식과는 조금 다르게 차려진 것을 알 수 있다.

반과상은 다과상 이외에도 특별한 탄신일이나 명절, 또는 왕가의 친척이나 손님 등이 점심 때 방문하면 면(麵)과 다과를 같이 올린 면상으로 차려지기도 하였다. 또한 정조 19년(1795)에 혜경궁 홍씨 회갑연 잔치의 기록에는 반과상이 면과 만두를 중심으로 떡과 조과, 음청류로 구성되었고 고배음식(고이는 음식)에 상화(床花)를 꽂아 화려하게 장식한 상차림도 있었음을 알 수 있다. 원행을묘 8일간에 다소반과상(茶小盤果床)은 총 18회로 주를 이루었고 다별반과상(茶別盤果床)은 낮에 별식으로 1회만 올려졌는데, 별반과상은 소반과상보다는 상차림의 규모를 크게 차렸다.

표 5-5 궁중반과상 분류도

분류	음 식 명
면	냉면, 떡국, 만두, 온면 등
탕	금중탕(綿中湯), 생치탕, 어만두탕, 열구자탕, 초계탕 등
적	잡누름적, 화양적 등
장류	청장, 초간장, 꿀, 겨자
전유어	각색전유어(간, 부아, 처녑, 등골, 양, 양동구리, 생선, 대하, 풋고추, 해삼, 호박 등)
어채	각색어채
찜	가리찜, 대하찜, 도미찜, 떡찜, 부레찜, 송이찜, 육찜, 죽순찜 등
조과	각색강정, 각색다식, 각색당, 각색연사과, 각색정과, 유밀과, 강란, 율란, 조란 등
떡	각색경단, 각색단자, 각색편, 봉우리떡, 석이단자, 송편, 은행단자, 주악, 증편, 화전 등
생과	배, 석류, 사과, 유자 등
음청류	수정과, 식혜, 화채, 배숙, 떡수단, 보리수단, 원소병 등

|궁중반과상 용어풀이|

• 금중탕(錦中湯) : 소 안심, 내장, 어린 닭과 늙은 닭, 해물, 채소를 넣고 끓인 탕
• 초계탕(醋鷄湯) : 닭과 소 안심, 내장, 여덟 가지 해물과 채소로 끓인 탕
• 산약(山藥) : 마

표 5-6 1795년 혜경궁 홍씨에게 올린 궁중반과상

분 류	음 식 명	
조다소반과상 (早茶小盤果床) 16기	• 각색병(各色餅) • 면(麵) • 각색강정(各色强精) • 각색당(各色糖) • 조란율란(棗卵栗卵) • 수정과(水正果) • 완자탕(完子湯) • 각색어채(各色魚菜) • 편육(片肉) : 꿀(淸), 초장(醋醬), 상화(床花) 10개	• 약반(藥飯) • 다식과(茶食果) • 각색다식(各色茶食) • 산약(山藥) • 각색정과(各色正果) • 별잡탕(別雜湯) • 각색전유화(各色煎油花)
야다별반과상 (晝茶別盤果床) 24기	• 각색병(各色餅) • 면(麵) • 백연사과(白軟絲果) • 각색다식(各色茶食) • 생리(生梨) • 유자(柚子) • 생률(生栗) • 수정과(水正果) • 금중탕(錦中湯) • 각색전유화(各色煎油花) • 각색어채(各色魚菜) • 해삼증(海蔘蒸) • 어회(漁會) : 꿀(淸), 초장(醋醬), 겨자(芥子), 상화(床花) 19개	• 약반(藥飯) • 소약과만두과(小藥果饅頭果) • 각색강정(各色强精) • 각색당(各色糖) • 산약(山藥) • 조란율란(棗卵栗卵) • 각색정과(各色正果) • 별잡탕(別雜湯) • 열구자탕(悅口子湯) • 각색화양적(各色花陽炙) • 편육(片肉)

출처 : 正祖, 園辛乙卯整理儀軌, 영인본 4권. 서울대학교 규장각, pp. 11-15, 1994.

2. 궁중의례식

궁중의례식(宮中儀禮食)이란 궁중의 여러 가지 행사 때 차려진 음식이다. 기록으로 남겨진 것은 조선조 후기의 1600년대 이후의 의궤(儀軌)를 통해서 일부 알 수 있을 뿐이다. 의궤란 궁중 행사의 종류에 따라 영접도감(迎接都監), 가례도감(嘉禮都監), 진찬도감(進饌都監), 국장도감(國葬都監) 등을 통해 행사를 진행하도록 하고, 도감에 행사를 치르는 과정을 기록해 놓은 것을 근거로 나중에 만든 것이다. 조선시대 의궤를 참고하여 궁중에서의 영접식(迎接食), 가례식(嘉禮食), 진찬식(進饌食)의 상차림을 알아본다.

1) 가례상차림(1819년)

조선 왕조 궁중에서의 가례(嘉禮)는 의혼(議婚), 납채(納采), 납폐(納幣), 고기(告期), 고유(告由), 빈책봉(嬪册封), 임헌초계(臨軒醮戒), 친영(親迎), 동뢰(同牢), 빈의 조현(嬪의 朝見)의 절차를 거쳐 장중히 시행되었다. 서민의 혼례에서의 초례(醮禮)는 궁중에서의 동뢰에 해당하며 동뢰를 위한 연(宴)이 동뢰연(同牢宴)이다. 1819년 문조(文祖) 신정후(神貞后) 가례도감의궤에 기록된 동뢰연 배설도가 유일하게 남아 있으며, 동뢰연 상차림은 동뢰연상(同牢宴床), 좌협상(左俠床), 우협상(右俠床), 면협상(面俠床)으로 구성되어 있고, 왕세자와 왕세자빈을 위하여 상차림이 둘로 이루어져 있는데 이들을 구성하는 음식의 내용은 두 상 모두 동일하다. 동뢰연은 주(酒) 3잔(盞)의 의식이 있으며 제 1잔은 제주를 위해, 제 2잔은 왕세자와 빈을 위해, 제 3잔은 합근주(合巹酒)를 나타내고, 술을 올린 후에는 탕식(湯食)이 안주로서 올려졌다. 가례의 동뢰연이 있은 후에는 하례(賀禮)를 하고 하례를 마친 후에는 음복연(飮福宴)의 의식을 하였다. 음복연에는 9작(爵)의 의식이 있었는데 소선(小膳)은 음복연에서 제 1작을 올리기 전에 술안주용으로, 대선(大膳)은 제 9작을 올린 후 소선을 물린 다음 올리고 배품으로써 연회의 절정과 마무리를 위한 사찬용으로 사용되었다. 초미(初味), 이미(二味), 삼미(三味)는 제 1작에서 제 3작까지의 술을 올릴 때 탕(湯) 대신 별미 안주로 사용되었고, 과반(果盤)은 제 9작 이후의 후식을 담은 반(盤)으로 사용되었다. 중원반(中圓盤)과 미수

사방반(昧數四方盤)은 식의례(食儀禮) 중간에 진상된 음복을 위한 술안주로 사용되었다.

또한 조현례(朝見禮)의 식의례에서, 조율소반(棗栗小盤)은 빈이 전하게 올리는 것이었고, 수포소반(脩脯小盤)은 빈이 왕비께 올리는 것인데, 단수포(股脩脯)는 생강과 계피를 넣은 약포(藥脯)이다. 과반3반(果盤3盤)은 삼전(三殿)이 빈에게 내리는 찬(饌)으로 조현례시 시부모인 왕과 왕비가 신부인 빈에게 내리는 큰상이었다.

(1) 동뢰연상

동뢰연상(同牢宴床)은 중박계(中朴桂), 백산자(白散子), 홍산자(紅散子), 홍마조(紅亇條), 유사마조(油沙亇條)의 조과류(造果類)를 고였으며, 6색 실과를 고여 진설하였다. 중박계는 상말(上末), 청(淸), 유(油)를, 홍산자는 상말(上末), 유(油), 흑당(黑糖), 대건반(大乾飯), 출유(出油), 지초(芝草), 자유(煮油), 사분백미(沙粉白米)를, 백산자는 상말, 유, 흑당, 대건반, 자유, 사분백미를, 홍마조는 상말, 청, 유, 교청, 지초, 출유, 사분백미를, 유사마조는 상말, 유, 청, 유사상말, 교청, 잔유조진유(殘油條眞油)를 그 식품재료로 하였다. 6색 실과는 잣, 개암, 비자, 건시, 황율, 대추였는데, 분상말(粉上末)과 교진말(膠眞末)을 사용하여 과일을 고였다.

중박계(中朴桂)

중박계의 중(中)은 마음 '중'이고 박(朴)은 진실할 '박'으로 절개를 상징하며, 중박계는 상말에 꿀과 기름을 넣어 반죽한 다음 기름에 튀긴 것으로 보인다. 산자의 산(散)은 흩어질 '산'이고 자(子)는 아이를 나타내어 자손의 번성을 의미한다고 본다. 산자를 만들기 위해서는 상말을 주재료로 하여 튀긴 것에 흑당을 바른 후 자유로 튀긴 대건반이나 사분백미를 묻히는데, 홍색을 내기 위해서는 출유와 지초로 만든 지초기름을 대건반에 물들여 사용한 것으로 보인다. 마조류의 마(亇)는 마치 '마'이고 조(條)는 길(長) '조' 또는 노끈 '조'인데 마조(亇條)란 절개를 의미한다. 마조류는 홍마조의 경우 상말, 사분백미, 청, 교청, 유가 주재료로 홍색을 내기 위해 역시 지초와 출유를 사용하였으며, 홍마조는 상말에 꿀을 넣어 반죽하여 기름에 튀긴 후 교청을 발라 지초기름으로 물들인 사분백미를 고물로 사용한 것이다. 유사마조의 경우에는 사분백미 대신에 유사상말을 사용한 것이 차이점이라고 하겠다.

(2) 우협상

우협상(右俠床)의 1행은 홍마조(紅亇條)와 유사마조(油沙亇條)를, 2행은 소홍산자(小紅散子)와 소백산자(小白散子)를, 3행은 유사미자아(油沙味子兒)와 송고미자아(松古味子兒)와 운빙(雲氷)을 각 행마다 8촌, 5촌, 4촌으로 음식을 고였다. 미자아(味子兒)의 자아(子兒)는 아이를 상징하는 단어이며, 유사미자아와 송고미자아는 상말, 청, 유, 즙청이 주재료이고, 유사미자아의 경우에는 교점미(膠粘米)를, 송고미자아는 교점미, 숙송고(熟松古), 교청, 사분백미를 특징적인 재료로 사용하였으며, 운빙(雲氷)은 상말 청, 유, 즙청이 주된 재료인 조과류이다.

(3) 좌협상

좌협상(左俠床)의 1행은 망구소(望口消)류를 고였는데 망구(望口)는 망구(望九)에서 유래되어 아흔을 바라본다는 뜻을 내포하고 있으며, 소(消)는 다할 소(消)이다. 즉, 아흔까지 장수를 기원하는 의미의 조과류라고 본다. 유사망구소(油沙望口消)는 상말, 청밀, 조청, 유, 유사상말, 흑당을 식품재료로 하였고, 홍망구소(紅望口消)는 상말, 청밀, 조청, 유, 사분백미, 흑당, 출유, 지초를 재료로 하여 만든 조과류이다. 2행의 백다식(白茶食)은 상말과 청(淸)으로 만들었고, 전단병(全丹餅)은 상말, 청, 유를 사용하였는데, 전단병의 전(全)은 순절할 '전'이고, 단(丹)은 마음 '단'으로 절개를 상징하며, 백다식의 백(白)도 결백할 '백'으로 절개를 상징한다. 3행의 백미자아(白味子兒)와 적미자아(赤味子兒)는 상말, 청, 유, 즙청이 주재료인 미자아류이고, 운빙(雲氷)도 그 재료가 동일하며 운빙의 운(雲)도 다산(多産)을 상징한다.

(4) 면협상

면협상(面俠床)의 1행은 채소(菜蔬)를 담았는데 주로 산삼, 도라지, 무, 동아, 생강을 사용한 것으로 보인다. 이는 1651년 현종(顯宗) 명성후(明聖后) 가례시 동뢰연상차림에서 실산삼(實山蔘), 실길경(實桔梗), 청근(菁根), 동과(冬瓜), 생강(生薑)을 사용한 것으로 볼 때 미루어 알 수 있다. 2행은 어육류(魚肉類)로 대전복(大全鰒), 중포절(中脯折)을, 3행은 건남(乾南)으로 숙전복(熟全鰒), 계란(鷄卵), 계아(鷄兒)를, 4행은 전유어(煎油魚)로 장후각(獐後脚)인 노루고기를, 압자(鴨子)로 오리고기를, 중생선(中生鮮)으로 어육을 전유어법으로 조리하여 담았다.

(5) 대 선

대선(大膳)은 돼지 1마리, 소 뒷다리 1개, 우둔, 오리 1마리를 숙육(熟肉)으로 진설하여 식의례에 사용한 후 사찬용으로 사용하였다.

(6) 소 선

소선(小膳)은 양 1마리, 소 앞다리 1개, 갈비 12죽(竹), 오리 1마리를 숙육으로 조리하여 진설하였다.

(7) 사방반

사방반(四方盤)은 미수사방반으로서 광어절(廣魚折), 문어절(文魚折), 대구어절(大口魚折), 쾌포절(快脯折)로서 절육(折肉)을 사용하였다.

(8) 중원반

중원반(中圓盤)은 건치절(乾稚折), 인복절(引鰒折)과 전유어(煎油魚)를 사용하여 음복연시의 술안주로 이용하였다.

(9) 과 반

과반(果盤)은 육류로서 꿩고기를 말려 썰은 건치절(乾稚折), 어패류로 전복절(全鰒折), 문어절(文魚折)을 담았고, 배, 잣, 밤의 실과와 약과 및 건정과(乾正果)를 사용하였다.

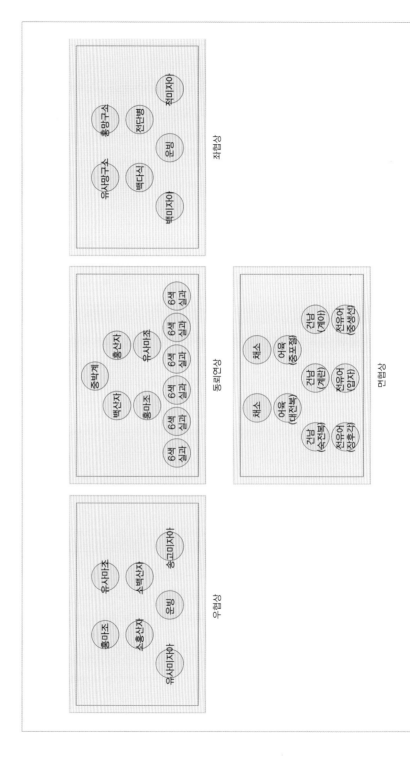

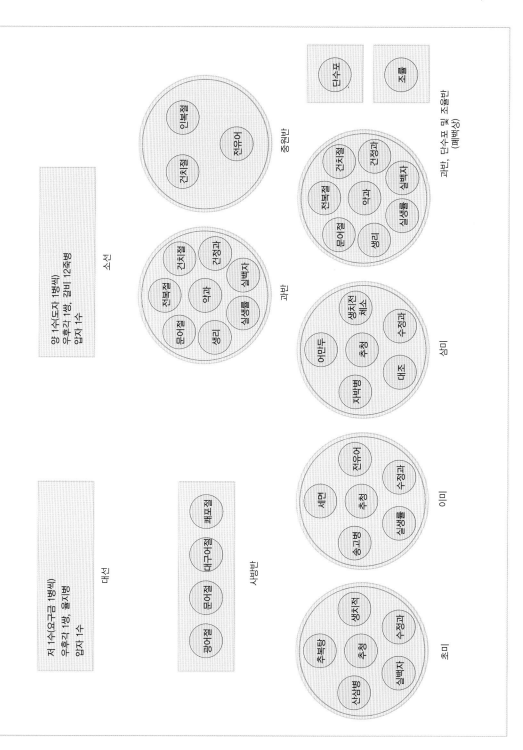

그림 5-6 가례에서의 다과상, 미수 및 폐백상(1819년)

출처 : 김상보, 조선왕조궁중 연회식 의궤음식의 이해음식의 실제, 수학사, p. 24, 25, 25, 2001.

77

가례에서의 다과상, 미수 및 폐백상(1819년)

■ 우협상(右俠床)
- 홍마조(紅亇條)
- 유사마조(油沙亇條)
- 소홍산자(小紅散子)
- 소백산자(小白散子)
- 유사미자아(油沙味子兒)
- 운빙(蕓氷)
- 송고미자아(松古味子兒)

■ 동뢰연상(同牢宴床)
- 중박계(中朴桂)
- 백산자(白散子)
- 홍산자(紅散子)
- 홍마조(紅亇條)
- 유사마조(油沙亇條)
- 6색실과(6色實果)

■ 좌협상(左俠床)
- 유사망구소(油沙望口消)
- 홍망구소(紅望口消)
- 백다식(白茶食)
- 전단병(全丹餅)
- 백미자아(白味子兒)
- 운빙(蕓氷)
- 적미자아(赤味子兒)

■ 면협상(面俠床)
- 채소(菜蔬)
- 어육(대전복)(魚肉(大全鰒))
- 어육(중포절)(魚肉(中脯折))
- 건남(숙전복)(乾南(熟全鰒))
- 건남(계란)(乾南(鷄卵))
- 건남(계아)(乾南(鷄兒))
- 전유어(장후각)(煎油魚(獐後脚))
- 전유어(압자)(煎油魚(鴨子))

- 전유어(중생선)(煎油魚(中生鮮))

■ 대선(大善)
- 저1수(요구금 1병씩)(猪1首(要鉤金 1柄 씩))
- 우후각 1쌍, 율지병(牛後脚 1雙, 聿只柄)
- 압자 1수(鴨子 1首)

■ 소선(小善)
- 양1수(도자 1병씩)(羊1首(刀子 1柄씩))
- 우후각 1쌍, 갈비 12죽병(牛後脚 1雙, 乫非 12竹柄)
- 압자 1수(鴨子 1首)

■ 사방반(四方盤)
- 광어절(廣魚折)
- 문어절(文魚折)
- 대구어절(大口魚折)
- 쾌포절(筷脯折)

■ 과반(果盤)
- 전복절(全鰒折)
- 건치절(乾雉折)
- 건정과(乾正果)
- 약과(藥果)
- 실백자(實柏子)
- 실생률(實生栗)
- 생리(生梨)
- 문어절(文魚折)

■ 중원반(中圓盤)
- 건치절(乾雉折)
- 인복절(引鰒折)
- 전유어(煎油魚)

■ 초미(初味)
- 추복탕(追鰒湯)

- 생치적(生雉炙)
- 산삼병(山蔘餠)
- 추청(追淸)
- 실백자(實柏子)
- 수정과(水正果)
■ 이미(二味)
- 세면(細麵)
- 송고병(松古餠)
- 추청(追淸)
- 전유어(煎油魚)
- 실생률(實生栗)
- 수정과(水正果)
■ 삼미(三味)
- 어만두(魚饅頭)
- 자박병(自朴餠)
- 추청(追淸)

- 생치전체소(生雉全體燒)
- 대조(大棗)
- 수정과(水正果)
■ 과반(果盤), 단수포(腶脩脯) 및
  조율반(棗栗盤) 폐백상
- 전복절(全鰒折)
- 건치절(乾雉折)
- 문어절(文魚折)
- 생리(生梨)
- 약과(藥果)
- 건정과(乾正果)
- 실생률(實生栗)
- 실백자(實柏子)
■ 단수포(腶脩脯)
■ 조률(棗栗)

(10) 초 미

초미(初味)는 추복탕(追鰒湯)을 중심으로 생치적(生稚炙), 산삼병(山蔘餠), 잣, 꿀, 수정과를 사용하였다.

(11) 이 미

이미(二味)는 국수류인 세면(細麵)을 중심으로 송고병(松古餠), 전유어, 밤, 수정과 및 꿀을 사용하였다.

(12) 삼 미

삼미(三味)는 생선을 주재료로 만든 어만두(魚饅頭)를 중심으로, 꿩고기를 사용한 생치전체소(生稚全體燒), 자박병(自朴餠), 대추, 꿀, 수정과를 사용하였다.

(13) 폐백상

폐백상에는 과반(果盤)으로 문어절(文魚折)과 전복절(全鰒折)은 어포로, 건치절(乾稚折)은 육포로 이용하였으며, 배, 밤, 잣, 약과 및 수정과를 진설하였다. 단수포(腶脩脯)는 생강과 계피를 넣은 약포인데 왕세자빈이 왕비께 올렸고, 조율소반(棗栗小盤)은 대추와 밤을 고여 빈이 왕께 올렸다.

2) 영접상차림(1609년)

영접도감을 설치하고 중국 사신이 왔을 때 영접하여 대접한 연향(宴享)은 1609년, 1634년과 1643년의 의궤의 기록이 있어 1609년이 가장 오랜 것이다. 이 때는 중국의 사신 일행이 6월 2일 입경(入京)하여 6월 19일 환국하였다. 사신을 영접했을 때 조선왕조에서는 공식적으로 하마연(下馬宴), 익일연(翌日宴), 청연(請宴), 회례연(回禮宴), 별연(別宴), 상마연(上馬宴), 전연(餞宴)의 7회의 연회가 있었으며, 중간에 별다담(別茶啖) 반배(盤排)가 있었다고 한다. 이 중 하마연과 상마연이 제일 크고 나머지 5회의 연회가 그 다음의 규모이며, 별다담은 그 다음인 3등급으로 연회의 규모를 분류할 수 있다. 그러나 1609년의 연회에서는 익일연, 청연, 위연(慰宴), 전연, 하마연, 상마연의 6회의 연회가 있었다. 상마연과 하마연은 원래 중국에서는 관리등용시험의 어원을 가졌으나, 조선 왕조에서는 하마연과 상마연은 중국 사신을 영접할 때의 환영연과 환송연을 지칭하였다. 이 때의 상차림 구성은 우협상(右俠床), 주상(主床), 좌협상(左俠床), 면협상(面俠床), 대선(大膳), 소선(小膳)을 한 조(組)로 하였다. 하마연에 2조, 상마연에 2조를 진설하였다. 하마연, 익일연, 청연, 전연은 왕이 친림하고, 회례연, 별연, 상마연은 신하가 대행하였다. 각 연회마다 2조로 상을 진설하는 이유는 1조는 중국 사신을 위하여 차리고, 1조는 왕 또는 왕자, 재신(宰臣)을 위하여 상을 준비하였기 때문이다.

그리고 연회는 배설(排設)로서 고정시킨 상차림과 진상 후에 물리는 상차림으로 크게 구분하였다. 즉, 연회용 장식상은 배설로서 고정시키고, 진다행과(進茶行果), 미수행과(味數行果), 11작행과(11爵行果), 진만두(進饅頭), 진염수(進鹽水), 미수(味數)는 음주(飲酒)를 위한 상차림으로서 진상 후 물리는 상차림이다. 이런 관점에서 볼 때 하마연, 상마연에서의 주상, 우협상, 좌협상, 면협상은 대접하는 음식이라기보다는 연회를 위한 장식용 상차림인 간반(看盤)이다. 그리고 미수(味數)는 술을 대접할 때의 술의 안주를 의미하며 이는 중국으로부터 전래된 것이다.

1609년 영접식으로 배설된 간반(看盤) 상차림의 내용은 아래와 같다.

(1) 상마연상과 하마연상

상마연상(上馬宴床)과 하마연상(下馬宴床)은 장식용 간반으로서 찬품구성은 실과류(實果類), 약과(藥果), 중박계(中朴桂), 마조류(亇條類), 미자아류(味子兒類), 망구소류(望口消類), 다식(茶食), 전단병(全丹餅), 운빙(雲氷)의 9종으로 실과를 제외한 8종 모두 상말(上末)을 원료로 한 한과류이다. 상말은 쌀가루인데 이들 과정류는 쌀가루를 잘 반죽하여 기름에 튀긴 것이 대부분이다.

여기서의 주상은 상하마연상(上下馬宴床)이며 상의 1행은 중박계(中朴桂)로 9촌(寸)의 높이로 고였으며, 2행은 약과(藥果)로 7촌의 높이로 고였다. 3행은 실과류로 구성하였는데 대조(大棗)는 대추를, 실진자(實榛子)는 개암나무의 열매이며, 황률(黃栗)은 밤을, 실비자(實榧子)는 비자나무의 열매를, 실백자(實柏子)는 잣을, 건시자(乾柿子)는 곶감을 뜻하며 이 실과들을 3행에 배치하였다.

(2) 우협상

우협상(右俠床)의 구성은 마조류(亇條類)인 홍마조(紅亇條), 유사마조(油沙亇條), 염홍마조(染紅亇條), 송고마조(松古亇條)를 1행과 2행에, 미자아류(味子兒類)인 유사미자아(油沙味子兒), 송고미자아(松古味子兒), 적미자아(赤味子兒), 율미자아(栗味子兒)를 3행에 진설하였다. 마조류는 과정류로서 홍마조는 상말, 사분백미(沙粉白米), 청(淸), 교청(膠淸), 유(油)가 주재료이며, 붉은 빛을 내기 위해서 지초(芝草)기름을 사용하였다. 즉, 홍마조와 염홍마조는 쌀가루에 꿀을 넣어 반죽한 다음 기름에 튀긴 후 교

청(膠淸)을 발라, 지초기름으로 물들인 사분백미를 고물로 만들어 입힌 것이다. 유사마
조는 쌀가루에 기름과 꿀을 넣어 반죽하여 기름으로 튀긴 후 교청과 청을 발라 유사상
말(油沙上末)을 고물로 사용한 것으로 생각된다. 송고마조는 교점미(膠粘米), 숙송고
(熟松古), 교청, 사분백미를, 율미자아는 황률(黃栗), 교점미, 교청을 특징적인 재료로
사용한 한과류이다.

(3) 좌협상

좌협상(左俠床)은 망구소류(望口消類), 다식(茶食), 전단병(全丹餠), 미자아류(味子
兒類), 운빙(雲氷)을 상에 차렸다. 망구소(望口消)는 상말, 교흑당(膠黑糖), 유(油)가 주
재료이며, 홍망구소(紅望口消)는 사분백미(沙粉白米)와 붉은 색을 내기 위한 지초기름
이 기본재료 외에 사용되었고, 유사망구소(油沙望口消)는 유사상말(油沙上末)과 청(淸)
이 추가재료로 사용되었다. 전단병(全丹餠), 운빙(雲氷)은 상말(上末), 청, 유가 주재료
인데 전단병은 상말에 청을 반죽하여 유로 지진 것으로 기름의 함량이 적은 편이고, 운
빙은 즙청(汁淸)을 사용하였는데 상말에 청을 넣어 반죽하여 유로 튀긴 다음 즙청한 것
이다. 백다식(白茶食)의 재료는 상말(上末)과 청을 사용하였다. 미자아(味子兒)는 백미
자아(白味子兒), 적미자아(赤味子兒), 송고미자아(松古味子兒)를 진설하였다. 백미자
아와 적미자아는 상말에 청을 반죽하여 유로 튀긴 다음 즙청한 것이고, 송고미자아는
교점미(膠粘米)에 숙송고(熟松古)와 교청(膠淸)을 넣어 반죽하여 유로 튀겨 낸 다음 즙
청 후 사분백미를 고물로 입힌 것이다.

(4) 면협상

면협상(面俠床)의 1행은 어육류(魚肉類)인 문어(文魚), 건치(乾雉), 편포(片脯), 전
복(全鰒)을 사용하였는데 어육은 건어육(乾魚肉)을 뜻하며 절육(切肉) 또는 절(折)로
표기되어 있다. 여기서는 문어와 전복은 어패류이고 건치와 편포는 육류이다.

2행은 건남(乾南)으로서 회전복(灰全鰒), 계란(鷄卵), 압자(鴨子), 계아(鷄兒), 양간
(羊肝)을 주재료로 사용하였다. 건남(乾南)은 의궤에서 간남(肝南)으로도 표기되어 있

는데 그 조리법은 건남의 재료에 기름이 없으므로 그 당시에는 기름에 지진 음식이 아니라 찜류로 생각된다. 즉, 회전복은 전복을 찐 것, 계란은 달걀을 찐 것, 압자는 오리를 찐 것, 계아는 닭을 찐 것, 양간은 양의 간을 찐 것을 의미한다.

3행은 전어육(煎魚肉)으로서 저육(猪肉), 소작(小雀), 채(菜), 산구(山鳩), 중생선(中生鮮)을 진설하였다. 전어육은 전유어(煎油魚)를 말하며 저육은 돼지고기, 소작은 참새를, 채는 산삼(山蔘)을, 산구는 산비둘기를 의미한다.

(5) 대선상

대선상(大膳床)에는 우각(牛脚), 저(猪), 당안(唐鴈)을 진설하였는데, 우각은 소의 다리 1쌍을 익힌 것이고 저는 돼지 1마리를 통째로 익힌 것이며, 당안은 기러기 1마리를 익힌 것을 뜻한다.

(6) 소선상

소선상(小膳床)에는 우갈비(牛乫非)와 영통(靈通), 부화(夫化), 간(肝) 등 소의 각 부분을, 양 1마리와 기러기 1마리를 통째로 익힌 것을 진설하였다.

위에서는 영접에서의 장식상인 간반을 열거하였고 다음은 영접에서의 다과상(茶果床)과 미수(味數) 및 사찬(賜饌)에 대하여 설명하고자 한다.

연회에서는 주로 술을 대접하고 술과 함께 안주를 대접하였다. 그리고 사찬(賜饌)은 연회 시 음식을 신하들에게 나누어 주어 반가로 가지고 나가게 하는 음식인데 이 영접상에서는 대선(大膳)의 음식을 사찬음식으로 사용하였다. 그리고 미수(味數)는 영접식에서의 안주를 의미한다. 미수의 찬품구성은 식의례(食儀禮)에 따라 구성되었는데 식의례는 다음의 순서로 진행되었다.

여기서 진다행과(進茶行果)의 상차림에는 생선 전유어, 문어 말린 것, 꿩고기 말린 것, 전복 말린 것, 연약과, 배, 잣, 정과 1쌍을 진설하였다.

십일작행과(十一爵行果)에는 진다행과와 유사하나 호도를 넣었으며, 진염수(進鹽水)에는 당안염수(唐鴈鹽水)와 소만두(小饅頭)를 진설하였다. 염수(鹽水)는 탕(湯) 중

미수(味數)의 식의례

① 다(茶)

② 진다행과(進茶行果)

③ 십일작행과(十一爵行果), 진염수(進鹽水), 초미(初味), 주(酒)제 1의 잔(盞)

④ 이미(二味), 주(酒) 제 2의 잔, 소선(小膳)

⑤ 삼미(三味), 주(酒) 제 3의 잔

⑥ 사미(四味), 주(酒) 제 4의 잔

⑦ 오미(五味), 주(酒) 제 5의 잔

⑧ 육미(六味), 주(酒) 제 6의 잔

⑨ 칠미(七味), 주(酒) 제 7의 잔

⑩ 팔미(八味), 주(酒) 제 8의 잔

⑪ 구미(九味), 주(酒) 제 9의잔

⑫ 십미(十味), 주(酒) 제 10의 잔

⑬ 십일미(十一味), 주(酒) 제 11의 잔

⑭ 대선(大膳)

에서 가장 우수한 탕을 의미하며 안염수는 기러기 고기를 사용한 국으로 생각되고, 소만두는 만두로서 미수가 나오기 직전에 진상되었던 것이다.

소선(小膳)과 대선(大膳)의 진설 내용은 앞서 기술한 간반의 대선상과 소선상의 내용과 동일하다. 그리고 초미에서부터 십일미의 미수에는 그 상차림의 내용이 각각 국수나 국 종류를 한 가지씩 넣고 생실과류, 건실과류, 적류, 떡류, 조과류(造果類), 찜류, 초류(炒類), 채류(菜類) 등을 적절히 배합하여 상차림을 구성하였다.

특히 조과류의 재료로 사용된 상말은 점미(粘米), 청밀(清蜜)은 꿀, 조청(造清)은 묽은 농도의 엿, 흑당(黑糖)은 엿을 달여 갈색으로 만든 것, 유(油)는 진유(眞油)로 참기름을 뜻한다.

연약과(軟藥果), 산자(散子), 미자아(味子兒) 등은 주재료로 상말과 기름을 사용하여 튀기거나 지진 한과이다. 여기서는 연행인과(軟杏仁果), 연미자아(軟味子兒), 소동계(小童桂), 면면과(面面果), 운빙과(雲氷果) 등의 조과류가 미수의 음식으로 사용되었다. 지짐용 기름은 자유(煮油)란 단어를 사용하고 있는데 백산자와 홍산자 등의 이러한

산자는 자유를 사용하여 지진 한과류이다. 청류(淸類)는 청밀(淸蜜), 황밀(黃蜜)은 음식의 주재료에 섞어서 사용하였고 조청(造淸)과 즙청(汁淸)은 한과를 만들 때 기름에 튀기거나 지진 후 이것을 담갔다 꺼내거나 옷을 보다 잘 입히는 접착제로, 교청(膠淸)은 재료가 보다 잘 섞일 수 있도록 도와주는 재료로 사용되었다. 조과류의 옷을 입히는 재료로는 태말(太末), 사분백미(沙粉白米), 건반(乾飯), 분상말(粉上末), 유사상말(油沙上末)로 이는 콩가루, 쌀가루 튀김류로 생각되며, 분(粉)은 입히는 가루를 나타낸다.

미수에서의 각 상에는 국물이 있는 음식으로 당안염수(唐鴈鹽水), 당압자염수(唐鴨子鹽水), 산저염수(山猪鹽水), 연장육염수(軟獐肉鹽水), 록육염수(鹿肉鹽水), 생선방음탕(生鮮於音湯), 해삼방음탕(海蔘於音湯), 생선전탕(生鮮煎湯)의 음식명이 있으며 이는 국의 주재료로서 기러기, 오리, 멧돼지, 노루, 사슴, 생선, 해삼이 사용된 것이다. 또한 당저장포(唐猪醬泡), 계아장포(鷄兒醬泡)도 각각 돼지고기와 닭을 장(醬)을 사용하여 끓인 국으로 보인다.

국수류로는 세면(細麵)이 초미에 대접되었는데 국수류의 재료는 녹두말(菉豆末)이나 목말(木末)이었을 것이고, 적류(炙類)는 적(炙) 또는 설하멱(雪下覓) 혹은 소육(燒肉)의 용어로 사용되었고 저각(猪脚), 생치(生雉), 계(鷄), 생선(生鮮), 록육(鹿肉 ; 사슴고기), 장육(獐肉 ; 노루고기)를 주재료로 사용하여 소금과 참기름으로 조미한 것으로 보인다. 영접식에서의 미수에는 금린어적(錦鱗魚炙), 생치적(生雉炙), 생선적(生鮮炙), 록육적(鹿肉炙), 장육적(獐肉炙), 산저설아멱(山猪雪阿覓)의 음식명으로 표기되어 있다.

숙편(熟片)은 압자(鴨子)숙편, 장육(獐肉)숙편으로 각각 오리고기, 노루고기의 편육를 뜻하며, 고기를 삶아 얇게 썰어 만든 음식이다. 그리고 자지류(煮只類)는 삶은 음식으로 생복자지(生鰒煮只)와 전복자지(全鰒煮只)는 전복 삶은 것을, 홍합자지(紅蛤煮只)는 홍합 삶은 것을, 생낙제자지(生落蹄煮只)는 낙지 삶은 것으로 생각된다. 증류(蒸類)는 찜류이며, 생부어증(生鮒魚蒸)은 붕어를 찐 음식이고, 건해삼증(乾海蔘蒸)은 마른 해삼을 쪄서 만든 음식이다.

병류(餅類)는 산삼병(山蔘餅), 송고병(松古餅), 자박병(自朴餅), 전병(煎餅), 정함경단병(丁含敬丹餅)을 각 상에 나누어 진설하였는데, 이는 찹쌀을 사용하였으며 꿀로 조미하여 기름에 지진 떡이다. 경단병(敬丹餅)은 콩가루와 잣을 고물로 사용하였다. 병류를 찍어 먹을 수 있도록 준비한 꿀은 추청(追淸)과 청밀(淸蜜)로 표기되고 있다. 그리고 전유어류를 위하여 준비한 장류로는 청장(淸醬), 양장(良醬), 강초(薑醋) 등이 있다.

영접에서의 간반(1609년)

■ 우협상(右俠床)
- 홍마조(紅亇條)
- 유사마조(油沙亇條)
- 홍마조(紅亇條)
- 염홍마조(染紅亇條)
- 송고마조(松古亇條)
- 염홍마조(染紅亇條)
- 송고마조(松古亇條)
- 유사미자아(油沙味子兒)
- 송고미자아(松古味子兒)
- 적미자아(赤味子兒)
- 율미자아(栗味子兒)

■ 상하마연상(上下馬宴床)
- 중박계(中朴桂)
- 약과(藥果)
- 실과(대조)(實果(大棗))

■ 좌협상(左俠床)
- 홍망구소(紅望口消)
- 유사망구소(油沙望口消)
- 홍망구소(紅望口消)
- 백다식(白茶食)
- 전단병(全丹餅)
- 송고미자아(松古味子兒)
- 백미자아(白味子兒)
- 적미자아(赤味子兒)
- 운빙(雲氷)

■ 대선상(大膳床)
- 우각(牛脚)
- 저1구(저1口)
- 당안1수(唐鴈1首)

■ 면협상(面俠床)
- 문어(어육)(文魚(魚肉))
- 건치(어육)(乾雉(魚肉))
- 편포(어육)(片脯(魚肉))
- 전복(어육)(全鰒(魚肉))
- 회전복(건남)(灰全鰒(乾南))
- 계란(건남)(鷄卵(乾南))
- 압자(건남)(鴨子(乾南))
- 계아(건남)(鷄兒(乾南))
- 양간(건남)(羊肝(乾南))
- 저육(전유어)(猪肉(煎油魚))
- 소작(전유어)(小雀(煎油魚))
- 채(전유어)(采(煎油魚))
- 산구(전유어)(山鳩(煎油魚))
- 중생선(전유어)(中生鮮(煎油魚))

■ 소선상(小膳床)
- 우갈비(牛乫非) 영통부화(靈通夫化) 간태두말하(肝太豆末下)
- 양1구(羊1口)
- 당안1수(唐鴈1首)

영접에서의 다과상, 미수 및 사찬(1609년)

■ 진다행과(進茶行果)
- 생선전유아(生鮮煎油兒)
- 건치절(乾雉折)
- 건문어절(乾文魚折)
- 전복절(全鰒折)
- 정과(正果)
- 실백자(實柏子)
- 생리(生梨)
- 연약과(軟藥果)

■ 십일작행과(十一爵行果) : 진염수(進鹽水)+소선(小鮮)+대선(大鮮)+11미(味)
- 실백자(實栢子)
- 호도(胡跳)
- 연운빙과(軟雲氷果)
- 전복절(全鰒折)
- 생리(生梨)
- 정과(正果)
- 건문어절(乾文魚折)
- 건치절(乾雉折)

■ 진염수(進鹽水)
- 당안염수(唐鴈鹽水)
- 소만두(小饅頭)

■ 소선(小膳)
- 우갈비(牛乫非) 영통부화(靈通夫化) 간태두말하(肝太豆末下)
- 양1구(羊1口)
- 당안1수(唐鴈1首)

■ 대선(大膳)
- 우각(牛脚)
- 저1구(猪1口)
- 당안1수(唐鴈1首)

■ 초미(初味)
- 세면(細緬)
- 생리(生梨)
- 침채(沈菜)
- 연약과(軟藥果)
- 정과(正果)
- 생치적(生雉炙)
- 생복자지(生鰒煮只)

■ 이미(二味)
- 금린어적(錦鱗魚炙)
- 실백자(實柏子)
- 정과(正果)
- 당저장포(唐猪漿疱)
- 산삼병(山蔘餠)
- 청밀(淸蜜)
- 당안염수(唐鴈鹽水)
- 채(菜)

■ 삼미(三味)
- 생선방음탕(生鮮於音湯)
- 생률(生栗)
- 연행인과(軟杏仁果)
- 계아장포(鷄兒漿疱)
- 생부어증(生鮒魚蒸)
- 정과(正果)

■ 사미(四味)
- 생선적(生鮮炙)
- 실호도(實胡桃)
- 정과(正果)
- 어만두(魚饅頭)
- 송고병(松古餠)
- 청밀(淸蜜)

- 생치적(生雉炙)
- 채(菜)

■ 오미(五味)
- 정과(正果)
- 당저염수(唐猪鹽水)
- 압자숙편(鴨子熟片)
- 연약과(軟藥果)
- 압자숙편(鴨子熟片)
- 건시자(乾柿子)
- 운빙과(雲氷果)

■ 육미(六味)
- 정과(正果)
- 생선전탕(生鮮煎湯)
- 대조(大棗)
- 자박병(自朴餠)
- 계아숙편(鷄兒熟片)
- 청밀(清蜜)
- 채(菜)
- 건해삼증(乾海蔘蒸)

■ 칠미(七味)
- 당압자염수(唐鴨子鹽水)
- 정과(正果)
- 연미자아(軟味子兒)
- 생선적(生鮮炙)
- 증황율(蒸黃栗)
- 전복자지(全鰒煮只)
- 생선적(生鮮炙)
- 당압자염수(唐鴨子鹽水)

■ 팔미(八味)
- 산저염수(山猪鹽水)
- 정과(正果)
- 전병(煎餠)
- 강초(薑醋)
- 실진자(實榛子)
- 해삼방음탕(海蔘於音湯)
- 록육적(鹿肉炙)

■ 구미(九味)
- 연장육탕소염수(軟獐肉湯小鹽水)
- 정과(正果)
- 소동계(小童桂)
- 생복자지(生鰒煮只)
- 생리(生梨)
- 산저설야멱(山猪雪阿覓)

■ 십미(十味)
- 정과(正果)
- 장육숙편(獐肉熟片)
- 생낙제자지(生絡蹄煮只)
- 실백자(實柏子)
- 정합경단병(丁合敬丹餠)
- 숙전복(熟全鰒)

■ 십일미(十一味)
- 장육적(獐肉炙)
- 정과(正果)
- 면면과(面面果)
- 록육염수(鹿肉鹽水)
- 실백자(實柏子)
- 홍합자지(紅蛤煮只)

3) 진찬상차림(1887년)

조선 왕조의 연회는 그 규모나 의식 절차에 따라 진연(進宴), 진찬(進饌), 진작(進爵), 수작(受爵) 등으로 구분된다. 이 연회에 관한 의례를 거행하는 절차와 준비 사항을 모두 기록한 진연의궤, 진찬의궤, 진작의궤 등을 통해 그 당시의 연회식 상차림과 식문화를 유추할 수 있다. 진연은 국가적인 대사가 있을 때 궁중에서 베푸는 잔치인데 그 규모가 가장 크고, 진찬은 왕족의 경사가 있을 때 하는 연회로서 그 규모는 진연보다는 다소 간소하며, 진작은 진연의 연회 시 왕께 술잔을 올리는 의식을 의미한다. 연회를 베풀 예정이 있으면 정해진 날로부터 미리 앞서 준비에 착수하고 진연도감(進宴都監)을 임명하여 의식의 전체를 계획하고 실행하도록 하였다. 평소 소주방은 수라를 담당하므로 임시로 가가(假家)를 지어 숙설소(熟設所)라 하여 연회에 필요한 음식을 준비하게 하였다. 이 음식들은 음식발기인 찬품단자(饌品單子)로 만들어 기록하였다. 여기서는 고종24년(1887) 『진찬의궤』에서 대왕대비를 위한 만경전정일진찬(萬慶殿正日進饌)에서의 식의례와 상차림을 살펴보고자 한다. 식의례는 대왕대비께 음식을 올린 순서를 통해 알 수 있으며 다음과 같다.

진어찬안(進御饌案)은 장식을 위한 간반(看盤)에 해당되고 실제로 대왕대비께서 드신 음식은 초미, 염수, 소선, 탕, 만두, 이미, 삼이, 사미, 오미, 다, 별행과이다. 사주(賜酒)는 대왕대비가 전하, 왕비, 왕세자, 왕세자빈에게 각각 내린 술이며, 미수는 술안주라고 본다. 이 중 대선(大膳)은 사찬(賜饌)을 위한 음식이고 별행과는 차를 대접하기 위한 상차림이다. 여기서 볼 때 진어찬안과 진어별찬안(進御別饌案)은 간반에 해당되고 진어미수(進御味數)인 초미, 이미, 삼미, 사미, 오미는 술안주이다. 진탕(進湯), 진만두(進饅頭), 진염수(進鹽數), 진소선(進小膳)은 대왕대비께 술안주와 함께 올리는 음식이고, 진대선(進大膳)은 사찬음식이며, 별반과(別盤果)는 진찬이 끝날 때 드리는 차를 위한 음식이었다.

조선왕조의 상차림은 1609년 이후에는 어떤 일정한 규칙이 있었다고 보며 한 예를 들어 대왕대비전진어찬안(大王大妃殿進御饌案)의 경우 8행으로 배열하였다. 1행부터

만경전정일진찬의 식의례

① 진어찬안(進御饌案)
② 주제1작(酒第1爵), 초미(初味), 염수(鹽水), 소선(小膳), 탕(湯), 대선(大膳), 만두(饅頭)
③ 주제2작(酒第2爵), 이미(二味)
④ 주제3작(酒第3爵), 삼미(三味)
⑤ 주제4작(酒第4爵), 사미(四味)
⑥ 주제5작(酒第5爵), 오미(五味)
⑦ 사(賜) 제1작(第1爵), 미수(味數) : 전하(殿下)
　　　제1작(第1爵), 미수(味數) : 왕비(王妃)
⑧ 주(酒) 제1작(第1爵), 미수(味數) : 왕세자(王世子)
　　　제1작(第1爵), 미수(味數) : 왕세자빈(王世子嬪)
⑨ 다(茶), 별행과(別行果)

음식을 고였는데 1행은 약과류, 다식류 7기(器)를, 2행은 유밀과류 7기를, 3행은 과일류 7기를, 4행은 3행에 진설한 과일을 제외한 다른 과일과 병류(餅類) 및 각색 절육(折肉)으로 7기를, 5행은 편육, 전유어, 화양적, 율란 등의 음식류 7기를, 6행은 7행에서의 장류, 찜류, 탕과 면을 제외한 5기를, 7행는 장류, 찜, 탕, 면 7기를, 제8행에서는 시접(匙楪)을 배열하였다. 그리고 음식의 주변에 상화(床花)를 적절히 배치하여 연회상의 화려함을 더했다.

대왕대비전에 올린 어진찬(御進饌)은 47기(器)였으며, 각색 메시루떡, 각색 차시루떡, 각색 조악·화전·단자병, 약반, 건면, 대약과, 다식과, 만두과, 각색다식, 삼색매화강정, 삼색세건반강정, 오색강정, 사색빙사과, 삼색매화연사과, 양색세건반연사과, 사색감사과, 삼색한과, 양색세건반요화, 각색당, 용안, 예지, 조란·율란·강란·전약·백자병, 감자(柑子), 유자·석류, 배, 준시, 생률, 황률, 대추, 호도, 송백자, 각색정과, 이숙, 금중탕, 열구자탕, 각색 절육, 편육족병, 삼색전유화, 전복초, 해삼초, 각색 화양적, 전치적, 잡증, 각색갑회, 백청, 겨자, 초장의 47기로 구성되었다.

대왕대비전에 올린 별찬(別饌)은 21기였으며 각색병(餅), 각색정과, 다식과·만두과·각색 다식·삼색매화연사과·오색강정·각색당, 조란·율란·강란·전약·백자병·녹말병, 대추·준시·유자·감자, 배·생률, 완자탕, 각색 연절육, 각색 회, 만두, 생복증, 열구자탕, 면, 약반, 이숙, 백청, 겨자, 초장, 전치적, 편육족병, 각색화양적으로 구성하였다.

대왕대비전에 올린 별반과(別盤果) 20기는 국수, 소약과, 홍세한과, 백세한과, 녹말다식, 흑임자다식, 유자, 석류, 생리, 준시, 생률, 대추, 이숙, 잡탕, 전복절, 문어절, 우육숙편, 전복숙, 해삼찜, 어전유화였다.

소선(小膳)은 2기였으며 우육숙편과 양육숙편이었고, 대선(大膳)은 저육숙편과 계적의 2기였다.

진탕(進湯)은 금중탕이었고, 진만두(進饅頭)는 만두였고, 진다(進茶)는 작설차였고, 진어염수(進御鹽水)는 염수였다.

진어과개(進御果蓋)의 경우 각색 제육, 각색 당, 각색다식과 약과의 1기였다.

진어미수(進御味數)는 초미(初味)에는 생복회, 소만두과, 골탕, 이미(二味)에는 계증, 삼색매연사과, 잡탕, 삼미(三味)에는 삼색한과, 수어증(秀魚蒸；숭어찜), 양탕(胖湯), 사미(四味)에는 백삼화, 양육숙편, 해삼탕, 오미(五味)에는 준시, 동수어회(凍秀魚膾), 저포탕(猪胞湯)이었다.

이상은 고종(高宗) 24년(1887년) 진찬의궤 내용 중 만경전 정일진찬의 대왕대비전에 올려진 것만 설명하였으나 대전·중궁전, 세자궁·세자빈궁, 나인, 내외빈 등 각각에게 올려진 기록이 있으며, 만경전 야진찬(夜進饌), 익일회작(翌日會酌), 익일야연(翌日夜讌), 재익일회작(再翌日會酌), 재익일야연(再翌日夜讌)의 찬안도 기록된 것을 볼 때 조선왕조 연회의 규모와 내용이 크고 화려하였음을 짐작할 수 있다.

조선왕조 연회식의 찬품은 그 종류가 매우 많고 재료 구성과 조리법도 다양하기 때문에 모두 열거하기에는 복잡하므로 대표적인 찬품을 구성한 내용을 살펴보면 아래와 같다.

(1) 면과 만두

면(麵)은 주로 온면이었으며 목말(木末 ; 메밀가루), 꿩고기, 쇠고기, 달걀, 간장, 후춧가루를 재료로 사용하였다. 메밀가루로 국수를 만들고 꿩고기와 쇠고기는 고기장국과 고명으로 만들고, 달걀도 고명으로, 간장과 후춧가루는 양념으로 사용한 것으로 보인다. 그외 건면과 냉면이 있다. 그리고 만두(饅頭)의 종류로는 어만두(魚饅頭), 생치만두(生稚饅頭), 채만두(菜饅頭) 등이며 만두껍질 만들 때 메밀가루를 사용한 것은 그당시에는 밀가루(眞末)가 매우 귀했기 때문이다. 오늘날은 만두 빚을 때 마늘을 양념으로 사용하지만 조선시대 중기에는 마늘보다는 생강을 양념으로 사용하였다.

(2) 탕

잡탕(雜湯)의 재료는 무, 양(胖), 곤자선, 저포(猪胞), 진계(陳鷄), 숭어, 해삼, 전복, 쇠고기, 두골, 미나리, 달걀, 박오가리, 표고버섯, 녹말, 참기름, 간장, 후춧가루, 잣 등이다. 『시의전서(是議全書)』에 의하면 잡탕은 '양지머리와 갈비 삶은 국에 부아, 창자, 통무, 다시마를 넣고 물을 많이 부어 푹 삶아 낸 후 썬다. 부아, 창자, 양, 다시마 등을 모두 골패모양으로 썰어 삶은 국에 한데 섞은 뒤 고비와 도라지, 파, 미나리를 모두 가늘게 찢어서 밀가루를 약간 묻혀 달걀을 씌어 얇게 부쳐서 건지와 한 모양으로 썰어 넣는다. 달걀도 얇게 부쳐서 모지게 썰어 완자하여 위에 얹는다.' 로 기록된 것으로 미루어 잡탕의 조리법을 유추할 수 있다.

열구자탕(悅口子湯)의 재료는 쇠고기, 양, 곤자선, 저포, 돼지고기, 숭어, 진계, 해삼, 달걀, 전복, 무, 청참외, 미나리, 참기름, 간장, 녹말, 밀가루, 표고버섯, 잣, 등골, 도라지, 우설, 순무, 생강, 파, 추복(搥鰒), 호두, 은행 등으로 현재의 신선로 재료와는 차이가 있으나 열구자탕에서 신선로가 유래된 것으로 보인다. 완자탕(完子湯)은 현재의 완자탕 재료보다 양, 돼지고기, 진계, 해삼, 곤자선, 녹말, 무, 청참외, 표고버섯 등이 더 추가되어 있었다. 그 이외에도 골탕, 양탕, 금중탕, 저포탕, 추복탕, 칠기탕, 초계탕, 용봉탕, 저육장방탕, 과제탕, 갈이탕, 해삼탕, 만증탕, 금린어탕, 육탕, 홍어탕, 임수탕 등 다양하다.

(3) 증

찜의 종류는 18종류인데 잡증, 해삼증, 연저증, 부어증, 수어증, 전복숙, 연계증, 전치수(생치전체소), 도미면, 저증, 우육찜 등이었다. 이 중 생치찜은 전치수 혹은 생치전체소(生稚全體燒)로 표기되었으며 전치수는 생치, 실백자, 진유, 호초말, 간장, 생간, 생총, 염, 임자, 마늘 등으로 만들어졌다.

(4) 전

전(煎)으로 삼색전유화와 어전유화와 해삼전이 가장 많이 차려졌고 양색전유화, 양전유화, 전유화, 간전유화, 생해전, 제육전유화, 낙제전유화, 처녑전유화, 생합전유화, 석화전유화, 연계전유화, 홍합전, 생치전유화, 골전유화, 도미전유화, 해란전, 생치전, 생하전 등이 조선시대 후기 궁중 연회상에 올려졌다. 전은 어류, 처녑, 저육, 연계를 사용한 것에는 진말(眞末)을 사용하였고, 해삼전은 목말(木末)을, 생치전은 진말 또는 녹말을, 양전은 녹말 또는 미말(米末)을, 간전은 목말을 가루로 사용하였고 양념은 소금을 사용하였고 참기름을 사용하여 전을 부친 것이다.

(5) 적

적(炙)으로 화양적, 연계적, 낙제화양적, 어화양적, 생복화양적, 전치적, 동고화양적, 잡적, 산적, 양색화양적, 천엽화양적, 오리알화양적 등이 차려졌는데 화양적의 재료는 우둔, 양, 요골, 곤자선, 해삼, 전복, 길경, 실백자, 달걀, 표고버섯, 석이버섯, 진이, 도가니, 배골, 저각, 수어, 생육, 우내심육 등을 주재료로 사용하여 생총, 진유, 실임자, 호초말, 간장, 진말, 염, 녹말, 생강, 마늘 등으로 양념하였으며, 화양적의 양념에 생강과 마늘을 사용한 것은 1877년부터였다.

(6) 초

초(炒)로 전복초, 홍합초, 우족초, 생복초, 부화초, 생치초, 연계초, 생소라초, 생합초, 전복홍합초, 전복저태초, 저태초 등이 있다. 전복초가 가장 많이 차려졌는데 전복, 진계, 우내심육, 실백자, 달걀, 업진육, 두포, 도가니, 사태, 우둔, 녹두채, 표고버섯 등이 재료로 사용되었으며 양념은 간장, 진유, 호초말, 생강, 생총, 청, 녹말, 실임자, 염, 마늘 등을 양념으로 사용하였다.

(7) 편육 · 족병

편육(片肉)으로는 제육숙편, 우육숙편, 양육숙편, 계육숙편, 우설숙편, 우랑숙편 등이며 숙육, 저육, 양지머리, 저포, 우두, 우설, 저두, 저각을 주재료로 사용하였다.

족병(足餠)은 지금의 족편에 해당하며 우족, 진계, 생치, 골도간리(骨都干里)를 주재료로 하여, 달걀은 지단으로 잣은 고명으로 사용하였다.

(8) 회

회(膾)는 크게 생회, 숙회, 강회로 나눌 수 있는데, 생회는 생복회, 각색갑회, 각색회, 삼색갑회, 삼색회, 양색 갑회, 양색회, 생합회, 동수어회, 어회 등이고, 숙회는 어채, 채회, 강회로는 근회(芹膾)가 사용되었다. 어채는 수어, 곤자선, 양, 제육, 제태, 해삼, 전복, 석이, 길경, 달걀, 표고버섯, 저각, 실백자, 수근, 부화, 국엽, 생합, 유자, 목이버섯, 황화 등을 주재료로 사용하였고, 양념은 생총, 녹말, 염, 생강, 초, 간장, 진유, 고추 등이었고 치자, 연지 등은 색을 내기 위해 사용되었다.

(9) 포

포(脯)로 각색 절육, 전복절, 문어절, 각색연절육, 건치절, 광어포, 대구포, 산포 등이 있다.

(10) 병이류

병이류(餠餌類)로 각색 메시루떡이 15종류, 각색 찰시루떡이 12종류로 가장 많이 사용되었고 합병, 후병, 잡과병, 조악, 단자, 산삼, 증병, 절병, 갑피병, 화전, 산병 등이 사용되었다. 메시루떡의 경우에는 거피팥시루떡, 녹두메시루떡, 신감초메시루떡, 백설기, 꿀설기, 석이메시루떡 등이며, 찰시루떡은 녹두찰시루떡, 볶은팥찰시루떡, 거피팥찰시루떡, 신감초찰시루떡, 임자찰시루떡 등이었다. 합병(合餠)의 재료는 찹쌀, 볶은팥, 청, 생률, 대추, 호초말, 계피말, 실백자, 거피두이었다. 후병(厚餠)은 찹쌀, 흑두, 생률, 대추, 청, 거피두, 실백자, 계피말을 재료로 사용하였다.

잡과병(雜果餠)은 찹쌀, 대추, 생률, 실임자, 실백자, 청, 진유를 재료로 하였고, 조악(助岳)은 찹쌀, 거피두, 진유, 대추, 치자, 감태, 청, 실백자, 계피말, 실은행, 실임자, 흑두 등이었다.

단자(團子)는 석이단자, 신감초단자, 각색 단자, 청애단자 등이고, 산삼(山糝)은 감태산삼, 산삼, 연산삼의 명칭으로 기록되었는데 감태산삼의 재료는 찹쌀, 황청, 진유, 감태, 실백자이었다. 그 외 증병, 절병, 갑피병, 산병, 화전이 사용되었다.

(11) 과정류

조선시대 궁중 연회상에 차려졌던 과정류(果飣類)는 유밀과, 강정류, 다식, 정과, 숙실과, 병, 당, 전약 등이었다. 유밀과(油蜜果)는 다식과, 약과, 만두과, 대약과, 소약과, 연행인과, 연약과, 소만두과, 홍·백차수과, 소다식과, 방약과, 양면과, 대다식과, 행인과, 대만두과, 매엽과이었다.

강정류(强精類)는 연사과류, 빙사과류, 한과류, 감사과류, 요화류, 강정, 건정, 미자 등이 있다.

다식(茶食)은 녹말다식, 흑임자다식, 송화다식, 황률다식, 청태다식, 강분다식, 계강다식, 신감초말다식 등이 있고, 정과(正果)는 연근정과, 생강정과, 도라지정과 등과 그 외 다수의 정과가 있다. 숙실과(熟實果)는 조란, 강란, 율란, 증대추, 속률 등이 있고 조란은 대추, 강란은 생강, 율란은 황률이 주재료이었다. 병(餠)은 녹말병, 백자병, 저여병, 오미자병이었고, 당(糖)은 옥춘당, 팔보당, 밀조, 인삼당, 오화당, 설탕, 귤병, 어과자, 청매당 등 모두 28종의 당이 사용되었다. 그리고 전약(煎藥)은 우유에 생강,

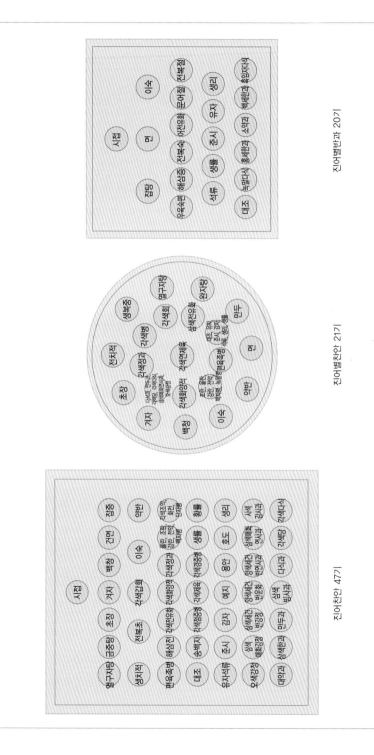

진어별반과 20기

진어별찬안 21기

진어찬안 47기

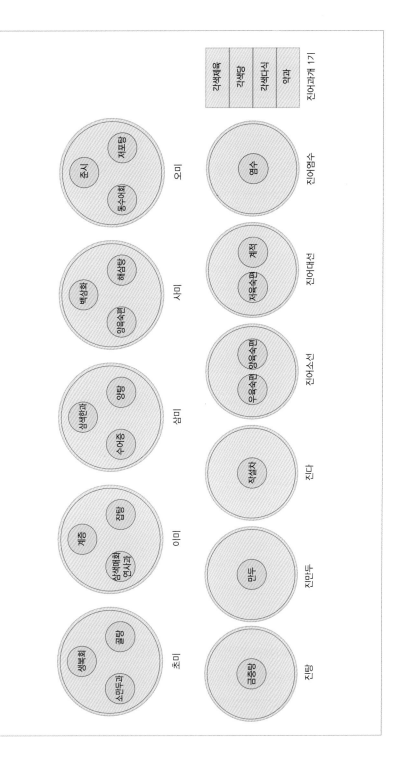

그림 5-7 진찬에서의 어진찬, 별찬, 별반과, 미수, 다과상, 사찬(1887년)
출처 : 김상보, 조선왕조궁중 연회식 의궤음식의 실제, 수학사, p. 8, 29, 2001.

진찬에서의 어진찬, 별찬, 별반과, 미수, 다과상, 사찬(1887년)

■ 진어찬안 47기(進御饌案47器)
- 시접(匙楪)
- 열구자탕(悅口子湯)
- 금중탕(錦中湯)
- 초장(醋醬)
- 겨자(芥子)
- 백청(白淸)
- 건면(乾麵)
- 잡증(雜症)
- 생치적(生雉炙)
- 전복초(全鰒炒)
- 각색갑회(各色甲膾)
- 이숙(梨熟)
- 약반(藥飯)
- 편육족병(片肉足餠)
- 해삼전(海蔘煎)
- 각색전유화(各色煎油花)
- 각색화양적(各色花陽炙)
- 각색정과(各色正果)
- 율란(栗卵), 조란(棗卵), 강란(薑卵), 전약(煎藥), 백자병(柏子餠)
- 각색조악(各色助岳), 화전(花煎), 단자병(團子餠)
- 대조(大操)
- 송백자(松柏子)
- 각색점증병(各色粘甑餠)
- 각색절육(各色截肉)
- 각색경증병(各色梗甑餠)
- 생률(生栗)

- 황률(黃栗)
- 유자석류(柚子石榴)
- 준시(蹲柿)
- 감자(柑子)
- 예지(荔枝)
- 용안(龍眼)
- 호도(胡桃)
- 생리(生梨)
- 오색강정(五色强精)
- 삼색매화강정(三色梅花强精)
- 삼색세건반강정(三色細乾叛强精)
- 양색세건반운화(兩色細乾叛蕓花)
- 양색세건반연사과(兩色細乾叛軟絲果)
- 삼색매화연사과(三色梅花軟絲果)
- 사색감사과(四色甘絲果)
- 대약과(大藥果)
- 삼색한과(三色漢果)
- 만두과(饅頭果)
- 삼색빙사과(三色氷絲果)
- 다식과(茶食果)
- 각색당(各色糖)
- 각색다식(各色茶食)

■ 진어별찬안 21기(進御別饌案 21器)
- 초장(醋醬)
- 전치적(全雉炙)
- 생복증(生鰒蒸)
- 겨자(芥子)
- 각색정과(各色正果)
- 각색병(各色餠)

- 각색회(各色膾)
- 백청(白淸)
- 다식과(茶食果), 만두과(饅頭果), 각색당(各色糖), 각색다식(各色茶食), 삼색매화연사과(三色梅花軟絲果), 오색강정(五色强精)
- 각색화양적(五色化陽炙)
- 각색연절육(各色軟截肉)
- 삼색전유화(三色煎油花)
- 열구자탕(悅口子湯)
- 이숙(梨熟)
- 조란(棗卵), 율란(栗卵), 강란(薑卵), 전약(煎藥), 백자병(柏子餠), 녹말병(菉末餠)
- 편육족병(片肉足餠)
- 대조(大棗), 유자(柚子), 준시(蹲柿), 감자(柑子), 석류(石榴), 생리(生梨), 생률(生栗)
- 완자탕(完子湯)
- 약반(藥飯)
- 면(麵)
- 만두(饅頭)

■ 진어별반과 20기(進御別盤果 20器)
- 시접(匙接)
- 잡탕(雜湯)
- 면(麵)
- 이숙(梨熟)
- 우육숙편(牛肉熟片)
- 해삼증(海蔘蒸)
- 전복숙(全鰒熟)
- 어전유화(魚煎油花)

- 문어절(文魚折)
- 전복절(全鰒折)
- 석류(石榴)
- 생률(生栗)
- 준시(蹲柿)
- 유자(柚子)
- 생리(生梨)
- 대조(大棗)
- 녹말다식(菉末茶食)
- 홍세한과(紅細漢果)
- 소약과(小藥果)
- 백세한과(白細漢果)
- 흑임자다식(黑荏子茶食)

■ 초미(初味)
- 생복회(生鰒膾)
- 소만두과(小饅頭果)
- 골탕(骨湯)

■ 이미(二味)
- 계증(鷄烝)
- 삼색매화연사과(三色梅花軟絲果)
- 잡탕(雜湯)

■ 삼미(三味)
- 삼색한과(三色漢菓)
- 수어증(秀魚蒸)
- 양탕(羊湯)

■ 사미(四味)
- 백삼화(白蔘花)
- 양육숙편(羊肉熟片)
- 해삼탕(海蔘湯)

■ 오미(五味)
- 준시(蹲柿)

- 동수어회(凍秀魚膾)
- 저포탕(猪胞湯)
■ 진탕(進湯)
- 금중탕(錦中湯)
■ 진만두(進饅頭)
- 만두(饅頭)
■ 진다(進茶)
- 작설차(雀舌茶)
■ 진어소선(進御小膳)
- 우육숙편(牛肉熟片)
- 양육숙편(羊肉熟片)

■ 진어대선(進御大膳)
- 저육숙편(猪肉熟片)
- 계적(鷄炙)
■ 진어염수(進御鹽水)
- 염수(鹽水)
■ 진어과개 1기(進御果楪 1器)
- 각색절육(各色截肉)
- 각색당(各色糖)
- 각색다식(各色茶食)
- 약과(藥果)

표 5-7 궁중음식과 궁중음식 재료명

분 류	음식명과 재료명
궁중음식명	- 생치만두(生雉饅頭) : 꿩만두 - 채만두(菜饅頭) : 채소만두 - 가리탕(乫伊湯) : 갈비탕 - 금린어탕(錦鱗魚湯) : 쏘가리탕 - 부어증(鮒魚蒸) : 붕어찜 - 수어증(秀魚蒸) : 숭어찜 - 연계증(軟鷄蒸) : 어린 영계찜 - 저증(猪蒸) : 돼지고기찜 - 생해전(生蟹煎) : 생게로 만든 전 - 생합전유화 : 대합으로 만든 전 - 해란전(蟹卵煎) : 게알로 만든 전 - 근회 (芹膾) : 미나리회 - 산포(散脯) : 소금으로 간 한 육포 - 동수어회(凍秀魚膾) : 살짝 얼린 숭어회 - 과제탕(瓜制湯) : 참외탕 - 칠기탕(七技湯) : 닭고기, 쇠고기, 돼지고기, 숭어, 전복, 해삼, 대하의 일곱 가지 재료로 만든 탕 - 산포(散脯) : 고기를 저며 소금 양념하여 말린 포 - 초홍장(醋紅醬) : 초고추장

분 류	음식명과 재료명
궁중음식명	• 청애단자(靑艾團餈) : 쑥단자 • 강분다식(薑粉茶食) : 생강녹말다식 • 서여병(薯蕷餠) : 마로 만든 떡 • 이숙(梨熟) : 배숙 • 상설고(霜雪膏) : 통배에 후추를 박아 배숙처럼 익힌 음청류
궁중음식 재료명	• 진계(陳鷄) : 늙은 닭 • 우설 (牛舌) : 소 혀 • 추복(鎚鰒) : 망치로 두들겨 말린 전복 • 요골(腰骨) : 등골 • 진유(眞油) : 참기름 • 실백자(實柏子) : 잣 • 생총(生蔥) : 생파 • 염(鹽) : 소금 • 임자(荏子) : 깨 • 진말(眞末) : 밀가루 • 목말(木末) : 메밀가루 • 길경(桔梗) : 도라지 • 진이(眞耳) : 참버섯 • 저각(猪脚) : 돼지사태육 • 우내심육(牛內心肉) : 쇠고기 안심 • 저태(猪胎) : 돼지아기집 • 저두(猪頭) : 돼지머리 • 황화(黃花) : 완초 혹은 넙나물 꽃, 모양이 운추리와 같으나 종자가 다르다. • 청밀(淸蜜) : 꿀 • 송백자(松柏子) : 잣 • 생리(生梨) : 생배 • 감자(柑子) : 굴의 일종, 미깡(蜜柑) • 여지(荔枝) : 겉이 우툴 두들하고 가늘고 긴 황적색의 열매 • 용안(龍眼) : 껍질에 센털과 다갈색의 혹 같은 돌기가 있는 둥근 열매, 씨는 용안육이라고 하며 한약재로도 쓰인다. • 황률(黃栗) : 말린 밤 • 임금(林檎) : 능금 • 감태(甘苔) : 김 • 도간이(都干伊) : 도가니, 소의 무릎 뼈 • 수근(水芹) : 미나리 • 녹두채(綠豆菜) : 숙주나물

101

정향, 계심, 청밀 등을 섞어 고약처럼 고아서 먹는 음식이었다.

(12) 음청류

음청류(飮淸類)로 10종류가 조선 왕조의 연회식에 사용되었으며 화채, 수정과, 작설차, 이숙, 상설고, 화면, 청면, 가련수정과, 밀수, 수면 등이 있고, 모든 연회상에 서너가지 이상의 음청류가 차려졌다.

(13) 실과류

실과류(實果類)로 생률, 대추, 호도, 송백자, 용안, 예지는 어느 연회상이든지 빠짐없이 차려졌고 생리, 황률, 준시, 유자, 석류, 은행, 감자, 홍시, 침시, 산과, 등귤, 불수, 문탄, 평과, 임금, 승도, 조홍, 앵두 등도 사용되었다.

(14) 양념류

초장, 겨자, 백청은 매 상마다 반드시 올려졌고 염수, 염, 간장, 고추장, 진장, 진유, 초홍장 등을 사용하였는데, 1848년의 연회 때 처음으로 고추장을 올렸다.

이상의 음식 외에도 찬물류 중에서 사용 빈도가 낮은 것은 감화부, 문주, 볶기, 난리, 수란, 숙란, 좌반, 건난병, 김치 등인데 김치는 침채와 장침채가 사용되었다.

제2부

우리 음식 만들기의 실제

▶▶▶ 일러두기

① 재료 및 분량은 4인분을 기준으로 하였으며, 4인분으로 표기할 수 없는 경우에는 그릇단위로 표기하였다.
② 재료의 순서는 주재료, 부재료, 양념순으로 정리하였다.
③ 청장은 재래식으로 담근 맑은 간장을 의미하며, 통상 국간장이라고 한다.
④ 1컵은 200cc를 기준으로 하였다.

오곡밥 五穀飯

오곡밥은 쌀을 포함하여 다섯 가지의 곡식을 섞어서 지은 밥으로 음력 정월 보름날에 아홉 가지 묵은 나물과 오곡밥을 이웃과 함께 나누어 먹는 풍습이 있다. 오곡은 다섯 가지 곡식인 쌀, 보리, 조, 콩, 기장을 뜻하지만 오곡밥에는 보통 쌀, 팥, 차수수, 콩, 조를 쓰며 지방에 따라 넣는 곡물이 조금씩 다르다.

재료 및 분량

멥쌀	1컵
찹쌀	1컵
붉은팥	1/3컵
검은콩	1/3컵
차수수	1/3컵
차조	1/3컵
소금	1작은술
물	3 1/2컵

알아두기

오곡밥은 찜통 또는 시루에 베 보자기를 깔고 찌기도 하는데 찌는 도중에 팥물에 소금을 간간하게 섞어 고루 뿌려준다. 오곡밥은 차진 곡식이 많이 들어가 보통 밥짓기를 할 때보다 밥물을 적게 넣는다.

 만드는 법

1 멥쌀과 찹쌀은 깨끗이 씻어서 약 30분 정도 불린다.

2 팥은 씻어서 삶는데, 팥이 충분히 잠길 정도로 물을 부어 끓어오르면 물을 버리고 다시 4컵 정도의 물을 부어 팥알이 터지지 않을 정도로 삶아 건진다. 팥물은 따로 받아 두어 밥물로 사용한다.

3 검은콩은 하루 전에 물에 담가 불리고, 차수수는 떫은맛을 없애기 위해 비벼 씻은 후 하룻밤 담가 불려서 건진다.

4 차조는 씻어서 건져 놓는다.

5 차조를 제외한 곡식을 고루 섞어 밥을 짓는데, 팥물과 물을 합하여 분량의 밥물을 붓고 소금을 넣어 밥을 짓는다.

6 밥이 끓으면 차조를 넣고 중불로 조절한다.

7 쌀알이 퍼지면 불을 아주 약하게 하여 뜸을 들인다.

骨董飯
골동반

골동반(骨董飯)은 제철에 나는 맛있는 나물과 쇠고기 완자, 육회, 생선전 등을 올리고 고추장을 함께 내는 음식이다. 『동국세시기』에 따르면 섣달 그믐날 저녁에 남은 음식은 해를 넘기지 않는다고 하며 그것으로 비빔밥을 해 먹었다고 한다. 궁중에서는 비빔밥을 비빔 또는 골동반이라 하여 섣달 그믐날 만들어 먹었다는 기록이 있다.

재료 및 분량

쌀	2컵		흰살생선	100g
물	2 $\frac{1}{3}$컵		숙주나물	150g
쇠고기(완자용)	100g		애호박	1개
두부	40g		당근	150g
간장	1작은술		표고버섯	20g
소금	1/8작은술		도라지	150g
설탕	1작은술		고사리(고비)	150g
다진 파	2작은술		달걀	3개
다진 마늘	1작은술		다시마	30g
깨소금	2작은술		알쌈	3개
참기름	1작은술		밀가루	약간
후춧가루	1/8작은술		달걀	1/2개
쇠고기(육회용)	150g		식용유	약간
소금	1작은술			
설탕	2작은술		***약고추장(볶음 고추장)**	
꿀	1작은술		고추장	1컵
다진 파	1큰술		쇠고기	50g
다진 마늘	1작은술		물	1/4컵
생강즙	1작은술		생강즙	1작은술
참기름	2작은술		설탕	2큰술
후춧가루	1/6작은술		꿀(물엿)	2큰술
잣가루	1큰술		잣	1큰술
쇠고기(볶음용)	100g			
간장	1큰술			
설탕	1/2큰술			
다진 파	2작은술			
다진 마늘	1작은술			
깨소금	2작은술			
참기름	1작은술			
후춧가루	1/6작은술			

알아두기

비빔밥은 보통 지역의 특산물을 나물로 사용하여 비빔밥을 만드는데, 전주비빔밥은 콩나물을, 진주비빔밥은 바지락살과 숙주나물을, 통영비빔밥은 생김무침과 무나물, 홍합을 넣는다.

만드는 법

1 쌀은 씻어 불린 후 불린 쌀의 약 1.2배(부피)의 물을 붓고 고슬고슬하게 밥을 짓는다.

2 완자용 쇠고기는 곱게 다지고 두부는 물기를 꼭 짜서 곱게 으깨어 함께 섞어 양념한다. 직경 1.5cm 정도로 완자를 빚은 다음, 밀가루를 묻히고 달걀물을 씌워 팬에 지진다.

3 육회용 쇠고기는 곱게 채 썰어 양념을 넣어 섞은 다음, 마지막에 잣가루를 넣어 버무린다.

4 볶음용 쇠고기는 채 썰어 양념하여 볶은 후 식혀 놓는다.

5 흰살생선은 얇게 포를 떠서 소금과 흰 후춧가루를 뿌린 다음, 밀가루를 묻히고 달걀물을 씌워 전을 부쳐 1cm 폭으로 썬다.

6 숙주는 머리와 꼬리를 떼고 끓는 물에 살짝 데쳐서 물기를 짠 다음 소금과 참기름으로 양념한다.

7 애호박은 반으로 갈라 씨를 빼고 얇게 썰어 소금에 절였다가 찬물에 헹구어 꼭 짠 다음 팬에 볶으면서 다진 파, 다진 마늘, 깨소금, 참기름으로 양념한다.

8 당근은 채 썰어 기름에 볶으면서 소금을 넣고 볶아 식힌다.

9 표고버섯은 따뜻한 물에 불려 기둥을 떼고 가늘게 채 썬 다음 간장, 설탕, 다진 파, 다진 마늘, 깨소금, 참기름으로 양념하여 팬에 볶는다.

10 도라지는 소금에 주물러 물에 담가 쓴맛을 빼고 끓는 물에 잠깐 데쳐 헹군 다음 소금, 다진 파, 다진 마늘을 넣고 볶으면서 육수를 약간 넣어 부드럽게 볶아준 후 깨소금, 참기름으로 무친다.

11 고사리는 질긴 부분을 다듬고 청장, 다진 파, 다진 마늘을 넣고 주물러 기름에 볶으면서 육수를 넣어 무를 때까지 익힌 후 깨소금과 참기름으로 무친다.

12 달걀은 황·백 지단으로 부쳐 채 썬다.

13 다시마는 기름에 튀겨 약간의 설탕을 뿌리고 잘게 부수어 놓는다.

14 약고추장은 쇠고기를 다져서 양념하여 볶은 다음, 다시 곱게 다져 분량의 고추장을 넣고 볶으면서 나머지 양념을 넣고 수분이 없어질 때까지 젓는다. 꿀을 넣고 걸쭉해지면 잣을 넣고 조금 더 볶는다.

15 고슬고슬하게 지어 놓은 밥에 쇠고기 볶은 국물, 숙주나물과 깨소금, 참기름으로 고루 비벼 그릇에 담고 볶은 쇠고기, 육회와 나물, 달걀지단과 알쌈으로 색을 맞추어 돌려 담는다. 가운데에 완자를 담고 약고추장을 곁들여 낸다.

재료 및 분량

무	300g	파잎	1뿌리
쇠고기	100g	다시마(20cm)	1장
국간장	2작은술	물	7컵
다진 파	1작은술	청장	약간
다진 마늘	1/2작은술	소금	약간
참기름	1작은술		
후춧가루	1/6작은술		

만드는 법

1 무는 2.5×2cm, 두께 0.3cm의 크기로 나박썰기를 한다.

2 쇠고기는 2.5×1cm 크기로 얇게 썰어 양념한다.

3 파는 4cm 길이로 굵직하게 채 썰고 다시마는 젖은 행주로 깨끗이 닦아서 큼직하게 썬다.

4 양념한 쇠고기를 볶다가 무, 다시마, 물 7컵을 넣고 다시 끓인다.

5 무의 생냄새가 나지 않으면 청장과 소금으로 간을 맞추고 다시마는 건져서 무와 같은 크기로 썰어 국물에 넣는다.

6 채 썬 파와 다진 마늘을 넣고 한소끔 끓여서 국그릇에 담는다.

駝酪粥
타락죽

타락죽(駝酪粥)은 쌀을 갈아 우유를 넣고 끓인 죽으로 조선시대에는 궁중의 약전에서 쑤어서 왕족에게 올렸던 보양식으로 맛이 고소하고 부드럽다. 요즘은 우유가 흔하므로 어린이 이유식, 노인식, 환자식, 별미식으로 이용하면 좋다.

재료 및 분량

쌀	1컵
물	2컵
우유	3컵
소금	약간
설탕	약간

알아두기

타락은 우유의 옛말이며 보통 타락죽은 음력 시월 말에서 정월까지 임금께 진상하고 병이 나거나 심기가 좋지 않을 때 많이 올렸던 매우 귀한 음식이다.

만드는 법

1 쌀은 깨끗이 씻어 2시간 이상 충분히 불린 후 체에 건져서 물기를 뺀다.

2 쌀에 물 1컵을 넣고 분마기나 블렌더에 넣고 갈아서 고운체에 밭인 후 체에 남은 찌꺼기는 버린다.

3 냄비에 갈은 쌀과 나머지 물을 넣고 끓이면서 나무주걱으로 눋지 않게 저어준다.

4 흰죽이 쑤어지면 우유를 조금씩 넣고 나무주걱으로 멍울이지지 않게 저으면서 조금 더 끓인 후 더울 때 그릇에 담아낸다.

5 소금과 설탕을 함께 내어 기호에 따라 먹을 수 있도록 한다.

* 볶은 찹쌀가루를 이용하여 타락죽을 쑤기도 한다.

팥죽 赤豆粥

팥죽은 동짓날에 쑤어 먹는 절식으로 붉은 색을 띠는 팥은 양색(陽色)이므로 액을 가져오는 음귀(陰鬼)를 쫓아내는 효력이 있다고 믿어 민속적으로 널리 활용되었다. 찹쌀가루를 익반죽하여 둥글게 빚은 새알심을 넣기도 하는데, 가족의 나이대로 넣는 풍속이 있었다.

재료 및 분량

쌀	1/2컵
붉은팥	2컵
물	15컵
소금	1작은술

* 새알심

찹쌀가루	1컵
물	2큰술
소금	1/2작은술
소금	약간
설탕	약간

알아두기

• 소금이나 설탕을 함께 내기도 하고
   국물김치도 함께 낸다.
• 팥죽은 뭉근한 불에서 오래 끓여야
   색깔이 좋다.

만드는 법

1 쌀은 깨끗이 씻어 2시간 이상 충분히 불린다.

2 붉은팥은 깨끗이 씻어 일어 건져서 물을 넉넉히 붓고 끓인다. 끓기 시작하면 그 물을
   버리고 다시 6~7배의 물을 부어 뭉근한 불에서 팥알이 터질 때까지 충분히 삶는다.

3 팥이 푹 삶아지면 뜨거울 때 굵은 체에 걸러서 껍질을 제거하고 팥앙금은 가라앉힌다.

4 찹쌀가루는 소금을 넣고 끓는 물로 익반죽하여 직경 1.5cm 정도의 새알심을 만든다.

5 냄비에 거른 팥 웃물을 붓고 물을 더 넣어 물량이 6~7컵이 되게 한 다음 끓어오르면
   불린 쌀을 넣고 중간 불에서 쌀알이 퍼지도록 끓인다.

6 쌀알이 거의 퍼지면 눈지 않게 주걱으로 저으면서 팥앙금을 넣고 어우러지게 끓인다.
   이때 새알심을 넣는다.

7 새알심이 익어서 떠오르고 짙은 팥죽색이 나면서 쌀알이 잘 퍼지면 소금으로 간을 한
   다. 기호에 따라 설탕을 넣기도 한다.

차조미음

粟米飮

미음은 멥쌀, 찹쌀, 차조, 메조 등의 곡물을 푹 무르게 퍼지도록 끓여서 고운체에 밭인 것이다. 차조미음은 차조뿐만 아니라 대추, 황률, 인삼을 함께 넣고 고은 미음으로 몸을 이롭게 하는 약재를 넣어서 적극적으로 몸을 보양하는 음식으로 알려져 있다.

재료 및 분량

차조	1/4컵
대추	15개
황률	15개
인삼	1/2뿌리
물	6컵
소금	약간
생강즙	약간

알아두기

미음은 고운체에 밭여야 매끄러우며, 메조로 미음을 쑤기도 한다.

만드는 법

1 차조는 씻어서 일고 대추, 황률도 깨끗이 씻는다.

2 인삼은 잘게 썰어 둔다.

3 차조, 대추, 황률, 인삼을 함께 넣고 물을 부어 약한 불에서 푹 끓인다.

4 미음이 걸쭉하게 되면 고운체에 밭인 다음 그릇에 담는다.

5 차조미음은 소금과 생강즙을 함께 낸다.

＊ 차조 대신 메조를 사용할 수 있고 쌀이나 찹쌀을 같이 넣고 끓이기도 한다.

오미자응이 薏苡

응이란 곡물의 녹말을 물에 묽게 풀어서 고운 죽처럼 끓인 것으로 의이(薏苡)라고도 한다. 오미자응이는 오미자 우린 물에 녹두녹말을 풀어서 끓인 음식으로 오미자의 새콤한 맛이 어우러지고 고운 붉은 색을 띤다. 오미자는 다섯 가지 맛이 어우러진 열매로 대체로 시고 달아 찬물에 우려서 화채로 많이 사용된다.

재료 및 분량

녹두녹말	6큰술
물	6큰술
오미자	1/3컵
물	5컵
설탕(꿀)	1/2컵
소금	약간

알아두기

죽과 미음은 곡물을 푹 끓여서 묽게 만든 음식이고, 응이는 곡물의 전분가루를 물에 풀어 끓여서 마실 수 있을 정도의 농도로 익힌 유동식이다.

만드는 법

1 오미자는 깨끗이 씻어 물기를 빼고 찬물 5컵을 부어 하룻밤을 우려낸 후 체에 밭여 오미자 국물을 만든다.

2 녹두녹말은 같은 양의 물에 풀어 놓는다.

3 오미자 우린 물에 설탕을 넣고 끓이다가 중불로 불을 조절한 후 물에 풀어 놓은 녹말을 조금씩 넣고 저어가면서 말갛게 될 때까지 쑨다.

4 응이가 완성되면 소금으로 간을 한다.

온면(溫麵)은 가는 밀국수나 메밀국수를 더운 장국에 말아서 쇠고기와 오색고명 등을 얹어 먹는 국수로 국수장국이라고도 한다. 주로 혼례나 경사스러운 날에 손님에게 대접하는 국수이다. 온면은 상에 내기 직전에 더운 장국을 부어 대접하는데, 미리 삶아 놓은 국수를 끓는 장국에 넣어 토렴하여 국수를 따뜻하게 한 후, 그릇에 담는다.

재료 및 분량

국수(가는 것)	400g	다진 마늘	1작은술
쇠고기(양지머리)	300g	깨소금	1작은술
달걀	2개	참기름	1작은술
애호박(오이)	1/2개	후춧가루	1/8작은술
석이버섯	4장	식용유	약간
표고버섯(중)	3장		
실고추	약간		
쇠고기(우둔살)	100g		
간장	1큰술		
설탕	1작은술		
다진 파	2작은술		

알아두기

- 국수가 한소끔 끓으면 냉수 1컵을 부어 가라앉히고 잠시 후에 끓어오르면 다시 한번 냉수를 부어 투명해지면 익은 상태이다.
- 국수장국의 간은 약간 세게 해야 국수를 말았을 때 싱겁지 않다.

만드는 법

1 냄비에 물을 넉넉히 붓고 펄펄 끓으면 국수를 펼쳐 넣어 붙지 않도록 삶은 다음, 냉수에 여러 번 가볍게 헹구어 1인분씩 사리지어 놓는다.

2 쇠고기(양지머리)는 냉수에 담가 핏물을 뺀 후 덩어리째로 파 1뿌리, 마늘 3쪽을 함께 넣고 푹 삶는다. 삶는 동안 위로 떠오르는 불순물은 걷어 내며 고기가 푹 삶아지면 젖은 면보로 싸서 무거운 것으로 눌러 놓았다가 완전히 식혀서 결 반대로 썰어 편육으로 사용한다. 육수는 기름기를 걷어 내고 소금과 청장으로 간을 맞추어 장국을 만든다.

3 달걀은 황·백 지단을 부쳐 5cm 길이로 가늘게 채 썰고 실고추도 짧게 잘라 놓는다.

4 애호박은 5cm 길이로 잘라서 돌려깎기하여 곱게 채 썰어 소금에 절였다가 헹구어 꼭 짜서 팬에 기름을 두르고 살짝 볶는다.

5 석이버섯은 더운 물에 불려서 깨끗이 손질하여 가늘게 채 썰어 소금과 참기름으로 간을 하여 살짝 볶고, 표고버섯도 더운 물에 불려서 채 썰어 간장양념하여 볶는다.

6 쇠고기(우둔살)는 5~6cm 길이로 가늘게 채 썰어 양념하여 볶는다.

7 삶은 국수사리를 더운 장국에 토렴하여 그릇에 담고 위에 오색고명을 색 맞추어 얹은 다음, 더운 육수를 부어 상에 바로 낸다.

냉면 冷麵

냉면(冷麵)은 메밀가루를 익반죽하여 냉면틀에 눌러 국수를 빼서 바로 삶아 편육 등 고명을 얹고 차게 식힌 장국을 부어 먹는 음식이다. 『동국세시기』(1849)에 보면 '겨울철의 시식으로 메밀국수에 무김치나 배추김치를 넣고 그 위에 돼지고기를 얹은 냉면이 있다'라고 기록되어 있다.

재료 및 분량

쇠고기(양지머리)	300g	***냉면 장국**	
물	8컵	동치미 국물	4컵
파	1뿌리	육수	4컵
마늘	3쪽	소금	1작은술
청장	1 1/2큰술	식초	1큰술
소금	약간	설탕	1큰술
동치미 무	1/2개		
오이	1개		
배	1/2개		
삶은 달걀	2개		
메밀국수(냉면용)	400g		
겨자즙	약간		
식초	약간		

알아두기

냉면은 차가운 육수와 동치미 국물을 반씩 섞어
식초, 소금, 설탕, 겨자로 간을 한 맑은 장국이
일품이며, 한여름에는 열무물김치에 말아 먹기도
한다.

만드는 법

1 쇠고기(양지머리나 사태)는 냉수에 담가 핏물을 뺀 후, 덩어리째 끓는 물에 파와 마늘을 함께 넣어 중간 불에서 푹 끓여 식힌 다음, 얇게 썰어 편육을 만든다. 육수는 기름을 완전히 걷어내고 소금과 청장으로 간을 맞춘 후 차게 식힌다.

2 동치미 무는 반달형이나 편육과 비슷한 크기로 길쭉하고 얇게 썬다. 배도 껍질을 벗겨 얇게 어슷썬다.

3 오이는 소금으로 문질러 깨끗이 씻고 반으로 갈라 씨를 빼고 얇게 어슷썰기하여 소금에 잠깐 절였다가 물기를 꼭 짜서 파랗게 참기름에 살짝 볶아 식혀 둔다.

4 달걀은 노른자가 중심에 오도록 굴리면서 삶아 반으로 잘라 놓는다.

5 차게 식힌 육수와 동치미 국물을 반반 섞고 식초, 소금, 설탕으로 간을 맞추어 냉면 장국을 만든다.

6 냄비에 물을 넉넉히 붓고 물이 끓으면 냉면 국수를 넣어 삶아 냉수에 여러 번 가볍게 헹구어 1인분씩 사리를 만들어 놓는다.

7 대접에 냉면 사리를 담고 그 위에 편육 등 고명을 색 맞추어 얹은 다음, 차게 식힌 냉면 장국을 조심스럽게 부어 담는다. 겨자즙과 식초 등을 곁들여 낸다.

석류탕 石榴湯

석류탕(石榴湯)은 석류 열매가 익어 입이 약간 벌어진 듯한 모양을 본떠서 빚은 만두의 일종이다. 윗부분을 한 번에 주름지게 오므려서 작은 복주머니처럼 만든 것으로 일반 만두에 비해 모양이 아름답고 고급스럽다.

밀가루	2컵		미나리	30g
소금	1작은술		숙주	50g
물	8큰술		소금	1큰술
쇠고기(양지머리)	200g		다진 파	1큰술
물	6컵		다진 마늘	1/2큰술
청장	1작은술		깨소금	2작은술
다진 마늘	1작은술		참기름	1작은술
후춧가루	약간		후춧가루	1/8작은술
소금	약간		잣	1큰술
쇠고기(우둔살)	50g			
닭살	100g			
표고버섯	3장			
두부	50g			
무	100g			

알아두기

• 만두피는 얇아야 하며 소도 많이 넣지 않는 것이 좋다.
• 너무 오래 끓이거나 지나치게 강한 불에서 끓이면 벌어져 있는 만두 입구에서 내용물이 나와 지저분해질 수 있으므로 유의한다.

만드는 법

1 밀가루는 체에 쳐서 소금과 물로 반죽하여 30분 정도 젖은 행주에 싸 두었다가 직경 6cm의 원형으로 얇게 밀어 만두피를 만든다.

2 양지머리는 핏물을 빼고 사방 2cm 정도의 크기로 납작하게 썰어 양념을 하여 겉만 익도록 살짝 볶아 분량의 물을 넣고 장국을 끓인 다음, 청장과 소금으로 간을 한다.

3 쇠고기(우둔살)와 닭살은 곱게 다지고 표고버섯은 불려서 곱게 채 썬다.

4 두부는 물기를 꼭 짜서 으깨고, 무는 곱게 채 썰어 데쳐 낸 후 물기를 꼭 짠다. 미나리와 숙주는 데쳐서 송송 썰어 물기를 꼭 짠다.

5 손질한 쇠고기, 닭살, 두부, 미나리, 숙주 등을 섞고 만두소 양념을 한다.

6 만두피에 소를 조금씩 올리고 잣을 하나씩 넣은 후 양손으로 가운데로 모아 소가 약간 보이도록 주머니 모양을 만든다.

7 끓는 장국에 만두를 넣어 떠오르면 잠깐 더 익힌 후 간을 맞추어 대접에 담는다.

※ 황·백 지단을 마름모형으로 썰어 고명으로 올리기도 한다.

片水

편수(片水)는 여름철에 차게 해서 먹는 사각 모양의 만
두로 개성지방의 향토음식이며,『규합총서』에서는 '변
씨만두'라고 하였다. 만두소의 재료로는 애호박, 오이,
쇠고기, 닭고기 등이며, 쪄서 그대로 초간장에 찍어 먹
기도 하고, 기름을 말끔히 거두어 낸 차가운 장국에 띄
워 먹기도 한다.

재료 및 분량

밀가루	2컵		다진 마늘	1작은술
소금	1작은술		깨소금	1작은술
달걀흰자	1개		참기름	1작은술
쇠고기(양지머리)	200g		후춧가루	1/8작은술
물	8컵		표고버섯(5장)	20g
청장	1큰술		애호박	300g
파	약간		숙주	150g
마늘	약간		잣	2큰술
통후추	약간		식용유	약간
소금	1작은술			
쇠고기(우둔살)	100g		*** 초간장**	
간장	1큰술		간장	1큰술
설탕	1작은술		물	1/2큰술
다진 파	2작은술		식초	1/2큰술
			잣가루	1작은술

만드는 법

1 밀가루에 달걀흰자와 소금을 섞어 물을 넣고 오래 치대어 만두피를 반죽하여 젖은 보자기에 싸둔다.

2 쇠고기(우둔살)는 곱게 다지고 표고버섯은 더운 물에 불려서 가늘게 채 썰어 쇠고기와 합하여 양념하여 팬에 볶아 식힌다.

3 애호박은 2.5cm 길이로 잘라서 돌려깎기하여 곱게 채 썰어 소금에 절였다가 헹구어 꼭 짠 다음 볶아서 펼쳐 식히고 숙주도 데친 다음 헹구어 짜서 송송 썬다.

4 익힌 채소와 고기를 섞어서 만두소를 만든다.

5 만두피를 얇게 밀어서 8×8cm의 정사각형 크기로 잘라 만두소를 놓고 잣을 2~3개씩 넣어 만두피의 네 귀를 한데 모아 맞닿는 자리를 마주 붙여서 네모지게 빚는다.

6 찜통에 20분 정도 쪄서 식힌 편수를 담쟁이 잎을 깐 그릇에 담아 초간장을 함께 낸다.

* 끓는 물에 편수를 삶아서 바로 찬물에 헹구어 건져서 찬 장국에 띄워내기도 한다. 이때 장국은 양지머리를 덩어리째 씻어서 끓는 물에 파, 마늘, 통후추를 함께 넣고 끓인 후 육수의 기름기를 걷어내고 차게 식혀서 만든다.

준치만두
眞魚饅頭

'썩어도 준치'라는 말이 있듯이 준치는 생선 중에 가장 맛있다고 하여 한자로는 '眞魚'라고 한다. 준치는 오월 단오경이 제철이므로 단오 절식으로 먹으며, 국, 회, 조림, 구이, 자반, 만두 등으로 이용된다. 준치만두는 준치의 살만 발라 쇠고기와 섞어 둥글게 빚는 것으로 만두라고는 하지만 일반 만두와는 달리 주식으로 먹기는 부적당하다.

재료 및 분량

준치	1마리(500g)
쇠고기(우둔살)	100g
간장	1큰술
설탕	1/2큰술
다진 파	2작은술
다진 마늘	1작은술
깨소금	1작은술
참기름	1작은술
후춧가루	1/8작은술
전분	3큰술
소금	1작은술
흰 후춧가루	1/8작은술
생강즙	1작은술
잣	1큰술
식용유	약간

* 초간장

간장	1큰술
물	1/2큰술
식초	1/2큰술
잣가루	1작은술

알아두기

준치만두는 남은 준치 뼈에 파, 생강, 마늘을 넣고 끓여서 청장, 소금으로 간을 한 육수를 쪄낸 만두에 부어서 만두국으로 먹기도 한다.

만드는 법

1 준치는 내장을 꺼내고 깨끗이 씻어 증기가 오르는 찜통에 넣고 찐다.

2 완전히 익으면 젓가락으로 살을 들어내면서 가시를 살살 발라낸다.

3 쇠고기(우둔살)는 곱게 다져서 양념하여 볶은 후 식힌다. 볶은 후에 덩어리가 생기면 다시 곱게 다진다.

4 볶은 쇠고기와 준치살을 합하여 전분과 생강즙, 소금, 흰 후춧가루를 넣고 끈기가 생기도록 잘 치댄 후 잣을 한 알씩 넣어 직경 2.5cm의 완자형이나 타원형으로 동그랗게 빚는다.

5 완자 겉면에 전분을 골고루 묻혀서 찜통에 젖은 행주를 깔고 잠깐 쪄낸다.

6 쪄낸 만두는 담쟁이 잎을 깐 접시에 담아 초간장과 같이 낸다.

조랭이떡국

조랭이떡국은 개성지방의 떡국으로 가는 흰떡을 누에고치 모양으로 만들어 장국에 넣어 끓인 음식이다. 누에가 정월의 길(吉)함을 표시하여 떡을 누에고치 모양으로 본떠서 먹어 새해를 기쁘게 맞이한다는 뜻이 있다. 다른 유래로는 조롱에서 나왔는데, '조롱'이란 어린 아이들의 주머니 끈이나 옷 끈에 액막이로 차는 조롱박 모양의 나무로 깍은 작은 물건을 말한다.

재료 및 분량

조랭이떡	500g		다진 마늘	1/2작은술
쇠고기(양지머리)	300g		깨소금	1/2작은술
쪽파	50g		참기름	1/2작은술
청장	1큰술		후춧가루	약간
소금	약간		식용유	약간
대파	1뿌리			
달걀	1개			
파	1뿌리			
다진 마늘	1작은술			

*산적 양념

간장	1큰술
설탕	1작은술
다진 파	1작은술

알아두기

고명으로 산적 대신 삶은 고기를 잘게 찢어 청장, 다진 파, 다진 마늘, 깨소금, 참기름, 후춧가루로 양념하여 얹기도 한다.

만드는 법

1 가래떡이 굳기 전에 1cm 두께로 가늘게 밀어 대나무 칼로 문질러 약 2cm 크기로 잘라, 다시 가운데를 문질러서 작은 누에고치 모양으로 만든다.

2 쇠고기(양지머리)는 찬물에 담가 핏물을 제거한 후 대파와 마늘을 넣고, 푹 삶아 건져서 산적용으로 5cm 길이로 썰고 나머지는 잘게 찢는다.

3 고기를 건진 육수는 식혀서 면보에 밭여 기름을 걷어낸 다음, 청장과 소금으로 간을 맞춘다.

4 쪽파는 다듬어 깨끗이 씻어서 5cm 길이로 자른다.

5 산적용 고기와 쪽파를 양념하여 꼬치에 번갈아 끼워 팬에 앞뒤로 지진다.

6 달걀은 황·백 지단으로 부쳐 마름모꼴로 썬다.

7 육수가 끓으면 조랭이떡을 물에 씻어 넣고 한소끔 끓여 부드럽게 익어 떠오르면 다진 마늘과 3cm 길이로 굵게 채 썬 파를 넣는다.

8 그릇에 담고 산적과 지단을 고명으로 얹는다.

애탕湯

애탕(艾湯)은 봄철에 나는 어린 햇쑥을 데친 후 다져
서 쇠고기와 같이 완자를 빚어 맑은 장국에 끓인 국
이다. 쑥의 향이 아주 향기로우며 감칠 맛이 일품이
고 입맛을 잃기 쉬운 이른 봄에 아주 좋은 음식이다.

재료 및 분량

쇠고기(완자용)	100g	물	6컵
쑥	60g	청장	약간
간장	2작은술	소금	약간
소금	1/2작은술	밀가루	2큰술
다진 파	1작은술	달걀	1개
다진 마늘	2작은술		
깨소금	1작은술		
참기름	1작은술		
후춧가루	약간		
쇠고기(장국용)	200g		
청장	2작은술		
다진 마늘	1작은술		
참기름	1작은술		
후춧가루	약간		

알아두기

- 완자탕 끓일 때처럼 완자를 밀가루와 달걀물을 씌워서 팬에 지져서 넣기도 한다.
- 쇠고기로 육수를 내어 맑은 장국을 만들고 쑥을 씻어 밀가루와 달걀을 묻혀서 끓는 장국에 넣어 끓이기도 한다.

만드는 법

1 쑥은 연한 것으로 골라 끓는 물에 살짝 데쳐내어 찬물에 헹구어 물기를 꼭 짜서 곱게 다진다.

2 쇠고기(완자용)는 기름기가 적은 살코기로 곱게 다져서 다진 쑥과 합하여 양념한 다음, 끈기가 나게 잘 치대어 직경 1.5cm의 완자로 빚는다.

3 쇠고기(장국용)는 납작하게 썰어서 양념하여 냄비에 살짝 볶다가 물을 붓고 끓여서 청장과 소금으로 간을 맞춘다.

4 빚은 완자에 밀가루를 고르게 묻힌 다음 잘 풀은 달걀에 담갔다가 펄펄 끓는 장국에 넣어 완자가 익어 떠오를 때까지 끓인다. 남은 달걀물로 줄알을 치고 바로 담아낸다.

5 쑥잎을 띄워내기도 한다.

토란탕 土卵湯

토란탕(土卵湯)은 추석을 전후로 먹는 절식으로 토란국이라고도 하며, 양지머리 국물에 토란과 다시마를 넣어 끓인 맑은 국이다. 토란은 다시마와 맛이 잘 어울리며 장의 운동을 원활하게 해주고 속의 열을 내려준다.

재료 및 분량

토란	300g
소금	약간
쌀뜨물	3컵
쇠고기(양지머리)	300g
물	7컵
무	200g
청장	1작은술
소금	1/3작은술
다진 마늘	1작은술
참기름	1작은술
후춧가루	1/8작은술
다시마	20g
파	30g

양지머리 육수	5컵
청장	1큰술
소금	약간

알아두기

토란은 갈락탄(galactan)과 같은 점질의 물질이 있어 그대로 국에 넣으면 미끈거리므로 살짝 삶아서 사용하는 것이 좋다.

만드는 법

1 토란은 껍질을 벗겨 큰 것은 자르고 작은 것은 그대로 하여 소금을 넣은 쌀뜨물에 살짝 삶아 찬물에 씻는다.

2 쇠고기(양지머리)는 찬물에 담가 핏물을 뺀 후 다시 찬물에 넣고 삶는다. 어느 정도 삶아지면 무를 통째로 넣어 삶고 다시마도 같이 넣어 끓인다.

3 고기가 충분히 삶아지면 쇠고기, 무, 다시마는 건져내어 2×2.5cm 크기로 썰고 쇠고기, 무는 양념한다.

4 육수에 청장과 소금으로 간을 한 다음 토란을 넣고 끓여서 익으면 쇠고기, 무, 다시마를 넣고 4cm 정도로 채 썬 파를 넣어 한소끔 끓여낸다.

5 맑은 장국은 양지머리 육수 외에도 쇠고기를 납작하고 얇게 썰어 양념하여 볶다가 물을 붓고 끓여 만들기도 한다.

荏子水湯 임자수탕

임자수탕(荏子水湯)은 흰깨를 거피하여 볶아서 닭 삶은 국물을 넣고 갈아서 밭인 찬 국에 오이, 표고버섯, 달걀지단 등을 곁들인 여름철 보양음식으로 깻국탕이라고도 한다. 여기에 불린 해삼과 삶은 전복을 곁들이거나 국수를 말아 먹기도 한다.

재료 및 분량

닭	1/2마리(600g)		참기름	1작은술
물	10컵		후춧가루	약간
파	1뿌리		밀가루	약간
마늘	2쪽		달걀	3개
생강	1쪽		미나리	50g
소금	약간		오이	1/2개
흰 후추가루	약간		표고버섯(중)	2개
흰깨	1컵		붉은 고추	1개
쇠고기(완자용)	100g		전분	약간
소금	1작은술			
다진 파	2작은술			
다진 마늘	1작은술			

알아두기

흰깨를 거피할 때는 깨가 터지기 쉬우므로 조심해야 한다. 이때 분마기에 물을 조금 붓고 살살 으깨듯이 거피하면서 깨를 씻는다.

만드는 법

1 닭은 깨끗이 씻어서 끓는 물에 넣어 삶는다. 여기에 파·마늘·생강을 넣고 삶아 무르게 익으면 건져서 고기는 결대로 찢어 소금, 흰 후춧가루로 양념하고 국물은 고운체에 밭아 기름을 제거하여 차게 식힌다.

2 흰깨는 씻어서 일어 1시간 이상 불려 분마기를 이용하여 껍질을 벗겨 실깨를 만든 다음 타지 않게 볶는다.

3 볶은 깨는 곱게 으깬 다음 찬 육수를 조금씩 부어가면서 곱게 갈아 체에 밭여 깻국을 만들어 소금과 흰 후춧가루로 간을 맞춘다.

4 쇠고기는 살로 곱게 다져서 양념하여 직경 1cm의 완자로 빚어 밀가루, 달걀물의 순서로 옷을 입혀 팬에 지진다. 미나리는 줄기 부분으로 다듬어 가는 꼬치에 꿰어서 미나리 초대를 부친다.

5 달걀은 황·백 지단을 부쳐서 1.5×4cm 크기로 골패형으로 썬다.

6 오이는 소금으로 비벼서 씻어 껍질을 도톰하게 벗기고, 표고버섯은 불려서 기둥을 떼고 붉은 고추는 갈라 씨를 빼서 각각 지단과 같은 골패형으로 썰어 전분을 살짝 묻혀서 끓는 물에 데쳐 바로 냉수에 헹구어 건진다.

7 그릇에 양념한 닭살을 담고 그 위에 달걀지단, 완자, 미나리 초대와 채소 등을 얹고 찬 깻국을 살며시 붓는다.

연포탕 軟泡湯

연포탕(軟泡湯)은 『동국세시기』 '시월조'에 '요즘 반찬 중 가장 좋은 것이 두부이다. 가늘게 썰어 기름에 부치다 가 닭고기를 섞어 끓인 국을 연포탕이라고 한다.'고 설명 하고 있다. 『고사십이집』에는 '얇게 썬 두부를 꼬챙이에 꿰어서 팬에 지져 내어 닭 국물 같은 것을 넣고 끓인 것을 연포라고 하였고, 그 밖에도 지진 두부를 쇠고기나 다시 마, 북어와 끓여 제사 때나 상가에서 발인 때 끓이는 국을 말하기도 한다.

재료 및 분량

두부	300g
닭	1/2마리(약 400g)
물	8컵
마늘	5쪽
다시마	1장(10g)
붉은 고추	1개
파	1뿌리
다진 마늘	1큰술
소금	약간
흰 후춧가루	약간
식용유	약간

알아두기

요즘은 서해안 지방에서 낙지를 이용해 끓인 탕을 연포탕이라고도 한다.

만드는 법

1 닭은 깨끗이 씻어 마늘을 넣고 끓여 어느 정도 익으면 다시마를 넣어 익힌다. 닭이 무르게 익으면 건져서 닭살은 굵게 찢고 다시마는 2.5×4cm 크기로 썬다.

2 닭 삶은 국물은 면보를 깐 체에 밭인 후 소금과 흰 후추가루로 간을 하여 육수를 만든다.

3 두부는 2.5×4cm로 잘라 소금을 조금 뿌려 두었다가 물기를 거두고 기름에 지진다.

4 붉은 고추는 씨를 빼고 0.5×4cm로 썰고 파도 굵게 채 썬다.

5 냄비에 닭 육수를 넣고 끓어오르면 찢은 닭살과 지진 두부를 넣고 한소끔 끓인 다음 다시마와 다진 마늘, 채 썬 파, 붉은 고추를 넣는다.

호박꽃탕
南瓜花湯

호박꽃탕은 여름에 피는 호박꽃 봉오리 속에 쇠고기, 표고버섯을 양념하여 넣고 달걀물을 씌워 쇠고기 장국에 끓인 음식이다. 호박꽃탕의 색과 모양이 아름답고 쇠고기와 어우러지는 맛도 일품이라 궁중과 반가에서 여름 시절음식으로 이용하였다. 호박꽃은 활짝 핀 것보다 입이 벌어지기 시작한 봉우리 상태의 것을 준비해야 모양이 예쁘다.

재료 및 분량

호박꽃	12송이		쇠고기(양지머리)	200g
쇠고기(우둔살)	150g		물	6컵
간장	1큰술		청장	1큰술
다진 파	1큰술		소금	1/2작은술
다진 마늘	1/2큰술		후춧가루	약간
깨소금	2작은술			
참기름	2작은술			
소금	1/2작은술			
후춧가루	1/8작은술			
표고버섯	3장			
달걀	2개			
밀가루	1/2컵			
미나리(실파)	20g			

알아두기

호박꽃을 끓일 때 불의 세기가 강하면 달걀물
이 벗겨지고 국물이 지저분해질 수 있으므로
주의해야 한다. 오래 끓이지 않아야 꽃의 색깔
을 예쁘게 유지할 수 있다.

만드는 법

1 호박꽃은 가위로 꽃술을 조심스럽게 떼어내고 꽃받침도 뗀다. 줄기는 1cm 정도 남기고
잘라낸 뒤 물에 살살 씻어서 거꾸로 세워 물기를 뺀다.

2 쇠고기(양지머리)는 찬물에 담가 핏물을 빼 두었다가 분량의 물을 넣고 끓인 후 청장과
소금으로 간을 맞추어 장국을 만든다.

3 쇠고기(우둔살)는 곱게 다지고 표고버섯은 미지근한 물에 불려 기둥을 떼어내어 물기
를 제거하고 가늘게 채 썬다. 다진 쇠고기와 표고버섯을 섞어 간장 양념을 하여 소를
만든다.

4 미나리는 잎은 떼어내고 줄기만 다듬어 끓는 물에 살짝 데쳐 찬물에 헹구어 물기를 뺀다.

5 호박꽃 안에 밀가루를 살짝 바르고 털어낸 뒤 양념한 소를 2/3가량만 넣고 봉우리를
오무려 데친 미나리로 묶는다.

6 장국이 끓으면 호박꽃에 밀가루를 묻히고 달걀물을 씌워 넣고 끓이다가 떠오르면서 익
으면 그릇에 담는다.

藿 역국
湯

미역국(藿湯)은 양지머리나 사골을 고아서 만든 육수에 미역을 넣어 끓이거나 쇠고기를 잘게 썰어 미역과 함께 볶아서 끓이기도 한다. 고기를 전혀 넣지 않고 미역을 참기름에 볶아 끓인 소(素)미역국은 삼신상에 올렸으며 굴, 홍합, 조개 등을 넣고 담백하게 끓이기도 한다.

재료 및 분량

마른 미역	30g
쇠고기(양지머리)	100g
청장	1큰술
다진 마늘	1작은술
참기름	1작은술
후춧가루	약간
참기름	1큰술
물	6컵
다진 마늘	1큰술
청장	3큰술

알아두기

• 미역을 물에 불리면 8~10배로 늘어나며 참기름을 많이 넣어 볶다가 끓이면 국물이 뿌옇게 되고 참기름 없이 청장만 넣고 볶다가 끓이면 맑게 된다.

• 쇠고기 대신 홍합이나 굴 등 조개류를 넣고 끓이면 맛이 담백하다.

만드는 법

1 미역은 물에 불려서 돌 없이 깨끗이 씻어 먹기 좋은 크기로 썰어 놓는다.

2 쇠고기(양지머리)는 납작납작하게 썰어 양념한다.

3 냄비에 참기름을 넣고 뜨거워지면 미역과 쇠고기를 넣고 볶는다.

4 잘 볶은 후에 물을 붓고 센 불에서 끓이다가 펄펄 끓으면 불을 약하게 하여 맛이 충분히 우러나올 때까지 오랫동안 끓인다.

5 다진 마늘을 넣어 한소끔 끓인 후 청장으로 간을 맞춘다.

게감정

게감정은 게 껍질에 게살과 쇠고기, 두부 등을 섞어 채워 지져서 고추장 국물에 끓인 음식으로 찌개보다 국물을 적게 한다. 궁중에서는 고추장찌개를 대개 감정이라고 하였으며, 그 종류로는 게감정, 오이감정, 호박감정, 웅어감정, 병어감정, 민어감정, 조기감정 등이 있다.

재료 및 분량

꽃게(암컷)	2마리	밀가루	1큰술
쇠고기(우둔살)	100g	무	50g
두부	30g	쇠고기(양지머리)	100g
숙주	50g	청장	1큰술
표고버섯	2장(10g)	다진 파	2작은술
소금	1/2작은술	다진 마늘	1작은술
다진 파	2작은술	참기름	1작은술
다진 마늘	1작은술	후춧가루	1/8작은술
깨소금	1작은술	고추장	2큰술
참기름	1작은술	된장	1작은술
생강즙	1/2작은술	물(육수)	3컵
후춧가루	1/6작은술	다진 마늘	1작은술
녹말가루	1큰술	파	1뿌리
달걀	1개	식용유	약간

만드는 법

1 살아 있는 꽃게를 솔로 깨끗이 씻어 발의 끝매듭을 잘라내고 등딱지를 뗀 다음, 속의 게장과 게살만 떼어내어 체에 받아 물기를 뺀다. 게 등딱지는 깨끗이 씻어 물기를 닦는다.

2 쇠고기(우둔살)는 곱게 다지고 두부는 물기를 꼭 짜서 칼등으로 곱게 으깬다.

3 숙주는 머리와 꼬리를 떼어 끓는 물에 데쳐 곱게 다지고 표고버섯은 물에 불려 기둥을 떼고 물기 없이 꼭 짜서 곱게 다진다.

4 게살과 다진 쇠고기, 두부, 숙주, 표고버섯에 녹말가루를 넣고 양념하여 소를 만든다.

5 손질한 게 껍질 안쪽에 밀가루를 바르고 소를 채운 다음 밀가루, 달걀물을 묻혀서 달걀물 묻힌 면만 달군 팬에 지져낸다.

6 무는 나박썰기를 하고 파는 어슷하게 썰며 장국용 쇠고기(양지머리)는 얄팍하게 썰어 양념한다.

7 냄비에 양념한 쇠고기를 볶다가 물을 붓고 된장을 걸러 풀고 고추장을 넣고 끓인다. 무를 넣고 끓어오르면 지진 게와 다진 마늘을 넣고 한소끔 끓으면 채 썬 파를 넣는다.

오이감정

오이감정은 오이를 쇠고기와 고추장, 된장을 넣고 끓인 음식으로
오래 끓여도 호박처럼 뭉그러지지 않고 오이의 맛이 우러나와서 시
원한 맛을 내며 여름철이 제 맛이다. 오이감정은 찌개보다 국물이
적은 음식으로 대개 고추장찌개를 하며 호박을 같이 넣고 끓이기도
한다.

재료 및 분량

오이	1개
쇠고기(양지머리)	100g
청장	1큰술
다진 파	2작은술
다진 마늘	1작은술
참기름	1작은술
후춧가루	1/8작은술
풋고추	1개
붉은 고추	1개
대파	1뿌리
다진 마늘	1작은술
물(쌀뜨물)	3컵
고추장	2큰술
된장	1작은술

알아두기

오이는 칼륨 함량이 높은 알칼리성 식품으로 이뇨의 효과가 있고 엽록소와 비타민 C가 많아 피부미용에 좋다. 또한 찬 성질을 가지고 있어 한여름의 더위를 식혀 준다.

만드는 법

1 오이는 소금으로 문질러 씻은 후 돌려가며 삼각지게 저며 썬다.

2 쇠고기(양지머리)는 납작납작하게 썰어 장국용 양념을 한다.

3 풋고추와 붉은 고추는 어슷하게 썰어 씨를 털어 내고 대파도 어슷하게 썬다.

4 냄비에 쇠고기를 넣고 볶다가 물을 붓고 된장을 걸러 풀고 고추장을 넣어 끓인 다음 오이를 넣고 끓인다.

5 국물이 우러나면 풋고추, 붉은 고추를 넣고 다진 마늘과 파를 넣어 한소끔 더 끓인다.

두부전골
豆腐煎骨

전골은 육류와 해물, 채소 등을 같이 넣고 즉석에서 익혀 먹는 음식으로, 맛도 있지만 육류뿐만 아니라 채소를 충분히 먹을 수 있는 장점이 있다. 두부전골은 두부를 전분에 묻혀 지져서 쇠고기 소를 끼워 두 장을 붙인 것을 각색 채소와 함께 끓이는 것으로 부드럽고 맛이 담백하다.

재료 및 분량

두부	1모(약 400g)	다진 마늘	1작은술
전분	약간	깨소금	1작은술
쇠고기(다진 것)	100g	참기름	1작은술
간장	1작은술	후춧가루	1/8작은술
소금	1/4작은술	미나리	50g
다진 파	2작은술	숙주	100g
다진 마늘	1작은술	실파	30g
깨소금	1작은술	무	100g
참기름	1작은술	당근	50g
후춧가루	1/8작은술	양파	50g
밀가루	약간	표고버섯	4장
쇠고기(채 썬 것)	100g	은행	10알
간장	1큰술	달걀	1개
설탕	1/2큰술	육수	2컵
다진 파	2작은술	식용유	약간

만드는 법

1 두부는 3×4cm, 두께 0.8cm로 잘라 두께의 반에 칼집을 깊게 넣고 소금을 뿌려 잠깐 두었다가 물기를 닦고 겉면에 전분을 묻혀 기름 두른 팬에 노릇노릇하게 지진다.

2 쇠고기 100g은 다져서 양념한 뒤 반은 두부 사이에 끼워 넣고 반은 직경 1.5cm의 완자를 빚어 밀가루, 달걀물 순으로 묻혀 팬에 굴려 익히고 나머지는 채 썰어 양념한다.

3 미나리는 줄기만 다듬어 살짝 데쳐내어 쇠고기를 넣어 지진 두부 가운데를 돌려 묶는다.

4 숙주는 머리와 꼬리를 다듬고 무와 당근은 5cm 길이로 납작하게 채 썰어 각각 데치고 참기름, 소금으로 밑간을 한다.

5 양파는 채 썰고 실파는 5cm 길이로 썬다. 표고버섯은 더운 물에 불려 채 썰어 간장양념하며, 은행은 기름 두른 팬에 소금을 뿌리고 볶아 뜨거울 때 껍질을 벗겨 둔다.

6 전골틀에 채소와 고기를 색 맞추어 돌려 담고, 가운데에 두부와 완자, 은행을 담는다.

7 육수를 붓고 청장, 소금으로 간을 맞추어 붓고 끓인다.

* 재료가 어느 정도 익으면 달걀을 깨뜨려 넣어 반숙으로 익혀 먹기도 한다.

神仙爐 신선로

신선로(神仙爐)는 육류, 채소, 버섯류, 견과류 등의 산해진미를 담아 상에서 직접 끓여 먹는 전골로 여러 가지 맛과 영양을 함께 즐길 수 있는 우리의 자랑스러운 음식이다. 신선로는 열구자탕(悅口子湯) 또는 구자(口子)라 하여 '입을 즐겁게 해준다'는 의미이며, 화통이 붙은 냄비를 말하기도 한다.

재료 및 분량

쇠고기(사태)	200g
무	150g
파	1뿌리
양파	1/2개
쇠고기(우둔살)	100g
청장	1큰술
다진 파	2작은술
다진 마늘	1작은술
참기름	2작은술
후춧가루	1/6작은술
쇠고기(완자용)	100g
두부	40g
소금	1/2작은술
다진 파	2작은술
다진 마늘	1작은술
깨소금	1작은술
참기름	1작은술
후춧가루	1/6작은술
흰살생선	100g
쇠간	100g
처녑	100g
석이버섯	3g
미나리	70g
표고버섯	15g
당근	100g
붉은 고추	2개
달걀	5개
은행	20알
호두	8개

잣	1큰술
밀가루	1/2컵
식용유	적량

* 쇠고기 · 무 양념

청장	1작은술
소금	1/2작은술
다진 파	2작은술
다진 마늘	1작은술
참기름	1/2작은술
후춧가루	1/6작은술

알아두기

• 신선로는 조선시대 연산군 때 정희랑 (鄭希郞)이라는 사람이 속세를 버리고 산 중에서 지내면서 화로를 만들어 조석으로 채소 등을 넣고 끓여 먹으며 지내다가 별세하여 그 그릇을 '신선이 되어간 분의 화로'라는 뜻에서 신선로 라고 하였다는 설이 전해진다.

• 신선로의 재료는 계절과 형편에 따라 달라질 수 있는데, 대체로 다양하게 고급스러운 재료를 사용하는 호화로운 음식으로 육수를 낼 때도 사태나 양지 머리 외에 두꺼운 부위의 양 등을 넣 기도 하고 생선전, 내장전 외에도 등 골전, 해삼전 등을 사용하기도 한다.

만드는법

1 쇠고기(사태나 양지머리)는 냉수에 담가 핏물을 빼고 끓는 물에 삶다가 무와 양파를 넣고 알맞게 익으면 건지고 고기는 연하게 더 삶아 건져서 식힌다.

2 삶은 고기는 얄팍하게 썰고 무도 골패모양으로 썰어 양념한다. 남은 국물은 면보에 걸러서 청장과 소금으로 색과 간을 맞추어 육수를 만든다.

3 쇠고기(우둔살)는 채 썰어 양념하여 신선로 밑판으로 준비한다.

4 쇠고기(완자용)는 곱게 다지고 두부는 물기를 꼭 짜서 칼등으로 곱게 으깨어 함께 섞어서 직경 1cm의 완자를 빚어 밀가루, 달걀물을 묻혀 팬에 굴려가면서 지진다.

5 흰살생선은 포를 떠서 소금과 흰 후춧가루를 뿌렸다가 밀가루와 달걀물을 묻혀 생선전을 부친다.

6 쇠간은 포를 떠서 소금과 후춧가루를 뿌린 후 밀가루와 달걀물을 묻혀 간전을 부친다.

7 처녑은 크고 작은 조각을 떼어 굵은 소금으로 주물러 냄새가 나지 않게 깨끗이 씻어 잔 칼집을 넣고, 후춧가루를 뿌리고 밀가루와 달걀물을 묻혀 전을 부친다.

8 석이버섯은 뜨거운 물에 불려서 깨끗이 손질하여 곱게 다지고 달걀흰자 1개와 섞어 석이지단을 부쳐서 폭 2cm, 길이는 신선로의 길이에 맞추어서 썬다.

9 미나리는 다듬어 줄기부분으로 가는 꼬치에 위·아래로 번갈아 꿰어 밀가루와 달걀물을 묻혀서 미나리 초대를 부치고, 달걀을 황·백 지단을 부쳐서 각각 석이지단과 같은 크기로 썬다.

10 표고버섯은 불려서 기둥을 떼고 석이지단과 같은 크기로 썰어 소금과 참기름으로 주물러 볶는다.

11 당근은 석이지단과 같은 크기로 썰어 끓는 소금물에 데쳐내고, 붉은 고추도 씨를 빼고 석이지단과 같은 크기로 썬다.

12 은행은 팬에 기름을 두르고 소금을 뿌려 진한 연두색으로 볶아 속껍질을 벗긴다.

13 호두는 더운 물에 불려 꼬치로 속껍질을 벗기고 잣은 고깔을 떼어낸다.

14 양념한 삶은 고기와 무, 양념한 채 썬 고기를 신선로 밑판에 고르게 펴서 담고 그 위에 황·백 지단, 석이지단, 미나리 초대, 생선전, 처녑전, 간전, 붉은 고추, 당근, 표고버섯 등을 색 맞추어 돌려 담고 완자, 호두, 은행을 고명으로 얹는다.

15 육수를 청장과 소금으로 간을 맞추어 붓고 신선로틀의 뚜껑을 덮은 뒤 참숯을 피워 화통 내에 넣고 끓을 때 상에 낸다.

竹筍菜 죽순채

죽순채는 봄에 나오는 햇죽순을 삶아서 쇠고기, 버섯, 미나리 등과 함께 잣가루를 뿌려 무친 음식으로 특이한 향과 씹히는 맛이 있다. 죽순 나물이라고 하며 새우, 오이, 당근, 배 등을 넣기도 하고 겨자 즙으로 무치기도 한다. 전라도 지방에서는 밀가루나 녹말을 물에 개어 익혀서 넣기도 한다.

재료 및 분량

생죽순	600g
쌀뜨물	10컵
쇠고기(우둔살)	100g
간장	1큰술
설탕	1/2큰술
다진 파	2작은술
다진 마늘	1작은술
깨소금	1작은술
참기름	1작은술
후춧가루	1/8작은술
표고버섯	2장
미나리	50g
숙주	100g
붉은 고추	1개
달걀	1개
잣가루	2작은술

*초간장	
간장	1큰술
식초	1큰술
설탕	1/2큰술
물	1큰술

알아두기

생죽순은 선도가 빨리 떨어지므로 따는 즉시 바로 삶아야 하며 쌀뜨물에 붉은 고추를 넣고 삶아 여러 번 물을 갈아 주면서 헹구면 떫고 아린 맛을 제거할 수 있다.

만드는 법

1 생죽순은 딴 즉시 바로 손질하여 쌀뜨물을 넣고 삶아 떫은맛을 빼고 껍질을 벗겨 썬다. 통조림 죽순은 빗살 모양으로 썰어 냉수에 여러 번 헹구어 내고 소금, 참기름을 넣고 잠깐 볶는다.

2 쇠고기는 가늘게 채 썰고 표고버섯도 불려서 채 썰어 양념하여 볶아서 식힌다.

3 미나리는 잎을 떼고 다듬어 줄기부분으로 끓는 물에 데친 다음, 냉수에 헹구어 4cm 길이로 자르고 붉은 고추도 씨를 빼고 가늘게 채 썬다.

4 숙주는 머리와 꼬리를 떼어내고 소금을 약간 넣은 끓는 물에 데친다.

5 달걀은 황·백 지단을 부쳐서 가늘게 채 썬다.

6 죽순, 쇠고기, 표고버섯, 미나리, 숙주를 초간장으로 무치고 잣가루를 넣고 다시 무쳐서 그릇에 담은 후 황·백 지단을 고명으로 얹는다.

陳菜 아홉 가지 나물

정월 대보름에 먹는 대표적인 절식으로 말려 두었던 갖은 나물을 삶아 무쳐 먹는다고 하여 '묵은 나물 또는 진채(陳菜)'라고 한다. 특히 오곡밥과 같이 먹으면 그 해 여름에 더위를 타지 않는다고 한다. 묵은 나물로는 취, 시래기, 가지, 호박, 버섯, 고사리 등이 있고 묵은 나물은 아니지만 무나물, 콩나물, 숙주나물도 아홉 가지 나물에 속한다. 이외에 박고지, 삿갓나물, 고추나물, 고구마순나물, 산나물류, 버섯류로도 만든다.

시래기나물

재료 및 분량

재료	분량
시래기(삶은 것)	200g
청장	1작은술
소금	1/2작은술
다진 파	1큰술
다진 마늘	1작은술
깨소금	1큰술
참기름	1작은술
식용유	1큰술
물	1/4컵
실고추	약간

 만드는 법

1 시래기(무청 말린 것)를 물에 불렸다가 삶아서 깨끗이 씻어 하룻밤 정도 물에 담가 둔다.
2 삶은 시래기를 건져서 물기를 짜고 얇은 겉껍질을 벗겨 5~6cm 길이로 썰어 양념을 넣고 충분히 주무른다.
3 시래기를 볶을 때에는 기름을 넉넉히 넣고 물을 주면서 볶아야 부드럽다.
4 다 볶아지면 실고추를 넣고 살짝 더 볶는다.

가지나물

재료 및 분량

재료	분량
가지(말린 것)	50g(불리면 200g)
청장	1/2작은술
소금	1/4작은술
설탕	1/4작은술
다진 파	1큰술
다진 마늘	2작은술
깨소금	2작은술
참기름	1작은술
식용유	2작은술
실고추	약간

 만드는 법

1 말린 가지를 물에 불려서 5~6cm 길이로 썰어 양념한다.
2 팬을 달구어 기름을 두르고 양념한 가지를 볶아 익으면 실고추를 넣어 버무린다.

피마자잎나물

재료 및 분량

피마자잎(삶은 것)	200g
청장	1작은술
소금	1/2작은술
설탕	1/2작은술
다진 파	1큰술
다진 마늘	1/2작은술
깨소금	1큰술
참기름	1작은술
식용유	1큰술
물	2큰술

만드는 법

1 삶은 피마자잎에 양념을 넣고 잘 배도록 주무른다.
2 달군 팬에 기름을 두르고 볶으면서 중간에 물을 주어 부드럽게 볶는다.
3 나물의 냄새가 안 좋을 때는 들깨가루를 넣어서 조리하면 향이 좋아진다.

취나물

재료 및 분량

취나물(말린 것)	40g(불리면 180g)
청장	1작은술
소금	1/2작은술
다진 파	1작은술
다진 마늘	1/2작은술
참기름	2작은술
식용유	2큰술
물	2큰술
깨소금	1작은술

만드는 법

1 말린 취는 따뜻한 물에 불려 물을 넉넉히 붓고 충분히 삶는다. 취의 잎이 펴지고 줄기도 부드러워지면 건져 찬물에 헹군 후 먹기 좋은 길이로 썬다.
2 물기를 꼭 짜고 양념하여 간이 배도록 골고루 무친다.
3 팬에 기름을 두르고 달군 다음 양념한 취를 넣고 볶는다. 기름 맛이 배면 물을 넣고 뚜껑을 덮어 부드럽게 익힌다. 깨소금을 넣고 버무린다.

고사리나물

재료 및 분량

고사리(삶은 것)	200g
청장	1큰술
다진 파	2작은술
다진 마늘	1작은술
깨소금	1작은술
참기름	1작은술
식용유	1큰술
물	5큰술

만드는 법

1 말린 고사리는 하룻밤 물에 불렸다가 충분히 삶아서 단단한 줄기 부분은 잘라내고 5cm 길이로 썰어 양념을 넣고 무쳐 간이 들게 잠시 둔다.
2 냄비를 달군 다음 기름을 두르고 고사리를 넣어 볶는다. 도중에 물을 넣고 뚜껑을 덮어 약한 불로 익힌다.
3 국물이 조금 남으면 깨소금, 참기름을 넣고 골고루 섞어 그릇에 담는다.
4 쇠고기를 채 썰어 양념하여 같이 볶기도 한다.

도라지나물

재료 및 분량

도라지	200g
소금	1작은술
설탕	1/2작은술
다진 파	2작은술
다진 마늘	1작은술
식용유	약간
물(육수)	5큰술
깨소금	1작은술
참기름	1작은술

만드는 법

1 통도라지를 껍질을 벗기고 씻어서 6cm 길이로 가늘게 갈라서 소금을 넣고 주물러 쓴맛을 뺀 다음 끓는 물에 데친다.
2 냄비를 달구어 기름을 두른 다음 도라지를 넣어 볶으면서 양념을 한다. 물을 넣은 뒤 뚜껑을 덮고 약한 불로 익힌다.
3 국물이 자작하게 남으면 깨소금과 참기름을 넣어 고루 섞는다.

시금치나물

재료 및 분량

시금치	300g
청장	1큰술
다진 파	2작은술
다진 마늘	1작은술
깨소금	1작은술
참기름	1작은술

 만드는 법

1 시금치는 뿌리를 자르고 다듬어 깨끗이 씻은 다음, 끓는 물에 소금을 약간 넣고 뚜껑을 열고 데친다. 파랗게 데쳐지면 찬물에 헹군다.

2 물기를 짜서 4~5cm 길이로 자른 다음 양념이 고루 배도록 무치며, 깨소금과 참기름은 나중에 넣는다.

호박오가리나물

재료 및 분량

호박오가리(말린 것)	50g(불리면 180g)
청장	1큰술
다진 파	2작은술
다진 마늘	1작은술
깨소금	1작은술
참기름	1작은술
후춧가루	1/6작은술
실고추	2g
식용유	1큰술

만드는 법

1 말린 호박을 미지근한 물에 담가 충분히 불려 잘 씻어 물기를 꼭 짠 뒤, 큰 것은 반으로 자른 후 골고루 양념한다.

2 팬에 기름을 두르고 볶는데, 이때 물이나 육수를 약간 넣으면 부드럽고 더 맛이 있다.

3 쇠고기를 양념하여 볶다가 국물이 생기면, 이때 양념한 호박오가리를 넣고 볶기도 한다.

콩나물

재료 및 분량

콩나물	300g
소금	1/2큰술
다진 파	1큰술
다진 마늘	1/2큰술
깨소금	1/2큰술
참기름	1/2큰술

 만드는 법

1 콩나물은 껍데기와 지저분한 뿌리만 다듬어 깨끗이 씻고 옅은 소금물을 자작하게 부어 뚜껑을 닫고 비린내가 없어질 정도로만 삶는다.
2 삶은 콩나물에 양념을 넣고 잘 주물러 맛이 배도록 무친다.

알아두기

콩나물은 리폭시게나아제(lipoxygenase)라는 효소가 있어 국을 끓일 때 뚜껑을 열면 산소와 반응하여 비린내가 나므로 주의해야 한다. 또한 콩나물에는 아스파르트산(aspartic acid)이라는 숙취해소 효과가 있는 아미노산이 많이 함유되어 있어 해장국의 재료로 많이 사용된다.

구절판 九折坂

구절판(九折坂)은 쇠고기, 전복살 표고버섯, 해삼, 애호박, 당근, 달걀 등 산해진미의 8가지 재료를 볶아 밀전병에 싸서 먹는 음식으로 맛이 좋고 색이 화려하다. 구절판은 아홉 개의 칸으로 나누어진 목기그릇에 옻칠을 하거나 뚜껑에 자개를 화려하게 입힌 그릇의 명칭이 음식명으로 유래되었으며, 교자상이나 주안상에 올리고 경우에 따라서는 밀전병에 각각의 재료를 미리 말아서 내기도 한다.

재료 및 분량

쇠고기(우둔살)	150g	***밀전병**	
간장	1 ½큰술	밀가루	1컵
설탕	2작은술	소금	1/4작은술
다진 파	1큰술	물	1컵
다진 마늘	1/2큰술	식용유	약간
깨소금	2작은술		
참기름	1 ½작은술	*** 겨자장**	
후춧가루	1/6작은술	겨자(발효시킨 것)	2큰술
죽순(전복살)	150g	식초	2큰술
표고버섯(중)	7장	설탕	1큰술
석이버섯	20g	간장	1/2작은술
오이(애호박)	300g	소금	1/2작은술
당근	150g	연유	2큰술
달걀	4개		

만드는 법

1 쇠고기는 결대로 가늘게 채 썰어 양념하여 국물이 없도록 볶아서 식힌다.

2 죽순은 깨끗이 씻어 살짝 데쳐서 채 썰어 소금, 다진 마늘, 깨소금, 참기름으로 양념하여 볶아 식힌 후, 잣가루를 넣어 다시 무친다.

3 표고버섯은 더운 물에 불려서 채 썰어 양념하여 볶고, 석이버섯도 더운 물에 불려서 곱게 채 썰어 볶으면서 소금과 참기름으로 간한다.

4 오이는 5cm 길이로 곱게 채 썰어 소금에 잠깐 절였다가 헹구어 물기를 꼭 짜고 다진 파, 다진 마늘을 넣고 참기름으로 파랗게 살짝 볶은 후 식혀서 깨소금으로 무치고, 당근도 5cm 길이로 곱게 채 썰어 볶으면서 소금으로 간을 한 후 식혀서 깨소금과 참기름을 넣어 무친다.

5 달걀은 황·백 지단을 얇게 부쳐서 5cm 길이로 채를 썬다.

6 밀가루를 고운체에 내려 분량의 소금과 물을 넣고 묽게 갠 후, 다시 한번 체에 내려서 약한 불로 얇게 밀전병을 부쳐 식힌다.

7 구절판의 가운데에 밀전병을 담고 둘레에 여덟 가지 재료를 색 맞추어 담아서 초간장이나 겨자장을 곁들여 낸다.

小麥 밀쌈 包

밀쌈은 밀가루를 반죽하여 얇게 부쳐 채소와 고기, 버섯 등의 소를 넣어 돌돌 말아 싼 음식으로 유두절식의 하나이며 여름철이 제 맛이다. 『이조궁정요리통고』에는 '밀가루 갠 것을 기름 두른 팬에 얄팍하게 펴 놓고 감국(甘菊)잎과 봉선화를 보기 좋게 올려 익혀 빨리 뒤집고 깨소금과 꿀, 설탕을 섞은 소를 넣어 돌돌 말아서 양쪽 끝을 속이 나오지 않게 눌러 부친다'고 하였다.

재료 및 분량

밀가루	1컵	미나리	30g
달걀흰자	1개		
소금	1/2작은술	**＊겨자장**	
식용유	약간	겨자(발효시킨 것)	2큰술
쇠고기(우둔살)	100g	식초	2큰술
간장	1큰술	설탕	1큰술
설탕	1/2큰술	간장	1/2작은술
다진 파	2작은술	소금	1/2작은술
다진 마늘	1작은술	연유	2큰술
참기름	1작은술		
깨소금	1작은술		
후춧가루	1/8작은술		
표고버섯	3장		
오이	1개		
소금	약간		
참기름	약간		

알아두기

밀쌈은 밀이 나는 초여름의 시식이며 유월 유두, 칠월 칠석의 절식이기도 하다. 메밀전병을 부쳐 돼지고기, 김치를 넣고 돌돌 말은 강원도의 총떡과 메밀전병에 무채를 넣어 말은 제주도의 빙떡이 밀쌈과 유사하다.

만드는 법

1 밀가루는 체에 치고, 달걀 한 개의 흰자와 물과 소금을 합쳐 1컵을 만들어 체에 친 밀가루에 붓고 묽게 개어 고운체에 거른다.

2 팬에 기름을 둘렀다가 살짝 닦아내고 밀가루 반죽을 한 숟가락씩 떠 넣어 원형으로 만들어 약한 불에 밀전병을 부친다. 체반에 겹치지 않도록 펼쳐서 식힌다.

3 오이는 5cm로 잘라 껍질을 돌려깎기하여 채 썰어 소금에 절였다가 헹구어 꼭 짜서 기름 두른 팬에 참기름으로 살짝 볶는다.

4 쇠고기(우둔살)는 결대로 얇게 채 썰어 양념하여 볶고 표고버섯도 얇게 채 썰어 양념하여 볶는다.

5 밀전병에 볶은 쇠고기, 표고버섯, 오이를 가지런히 얹어 돌돌 만 다음 데친 미나리 줄기로 밀쌈의 가운데를 묶는다.

6 겨자장이나 초간장을 곁들여 낸다.

월과채菜

월과채(越瓜菜)는 여름에 나오는 애호박을 주재료로 하여 잡채처럼 만들어 먹던 별식이다. 애호박과 쇠고기, 버섯류를 양념하여 볶아 넣고 찹쌀전병을 부쳐서 굵게 채 썰어 당면 대신 넣어 섞는데, 쫄깃하고 고소한 맛이 일품이다.

재료 및 분량

애호박	1개
쇠고기(우둔살)	200g
간장	2큰술
설탕	1큰술
다진 파	1큰술
다진 마늘	1/2큰술
깨소금	2작은술
참기름	2작은술
후춧가루	1/8작은술
표고버섯	4장
느타리버섯	50g
달걀	1개

찹쌀가루	1컵
소금	1/2작은술
뜨거운 물	1큰술
실고추	약간
식용유	약간

알아두기

호박은 너무 얇은 것보다 굵게 채 썰어야 맛있다. 여름철에는 호박의 씨방이 잘 발달하여 음식을 했을 때 씨가 나와 지저분해 보이므로 반을 잘라 씨를 긁어내고 채 썬다. 썰어 놓은 호박이 눈썹 모양이 되므로 애호박나물을 눈썹나물이라고도 한다.

만드는 법

1　애호박은 길이로 반을 잘라 가운데 씨 부분은 파내고 0.3cm 두께의 눈썹 모양으로 썰어서 소금에 살짝 절였다가 찬물에 헹구어 물기를 제거한다. 팬에 기름을 두르고 살짝 볶은 후 넓은 접시에 펴서 한 김 식힌다.

2　쇠고기는 곱게 다져서 양념한 뒤 팬에 덩어리가 생기지 않도록 볶는다. 덩어리가 생기면 칼날로 다시 곱게 다진다.

3　표고버섯은 물에 불려서 기둥은 떼고 얇게 채 썰어 쇠고기 양념으로 양념한다.

4　느타리버섯은 씻어서 소금물에 데쳐내어 결대로 찢는다. 소금 간을 하고 팬에 기름 두르고 살짝 볶는다.

5　달걀은 황 · 백으로 나누어 지단을 부치고 4cm 길이로 채를 썬다.

6　찹쌀가루에 소금과 뜨거운 물을 넣고 되게 익반죽하여 조금씩 떼어내어 얇고 동그란 모양으로 찹쌀전병을 만들어 팬에 기름을 약간 두르고 익혀서 한 김 식혀 굵게 채 썬다.

7　넓은 그릇에 모든 재료를 넣고 손끝으로 재료가 잘 섞이도록 무친다. 접시에 예쁘게 담고 지단과 실고추를 올린다.

겨자채菜

겨자채(芥子菜)는 오이, 당근, 양배추 등의 채소와 편육, 배, 밤을 섞어 겨자즙에 무친 음식으로 신선하고 부드러우며 매운맛의 조화가 일품이다. 고기음식과 같이 내면 고기의 느끼한 맛을 제거해 주며 주로 주안상이나 교자상에 올린다.

재료 및 분량

쇠고기(양지머리)	100g	설탕	1큰술
양배추	80g	소금	1작은술
당근	80g	연유	2큰술
오이	100g		
배	100g		
밤	3개		
달걀	1개		
잣	1작은술		
설탕	약간		

* 겨자장

겨자(발효시킨 것)	1큰술
식초	1큰술

알아두기

- 겨자는 봄갓의 씨를 가루로 낸 것으로 갤수록 매운 맛이 짙어지므로 겨자가루에 따뜻한 물을 넣고 개어서 따뜻한 곳에 엎어 20~30분 두었다가 매운 맛이 일어나면 식초, 설탕, 소금, 연유를 넣고 잘 저어 주면 겨자장이 된다.
- 겨자채는 상에 내기 직전에 달걀지단과 배를 제외한 모든 재료를 겨자즙과 함께 넣어 무치고, 마지막에 배, 달걀지단을 넣고 간을 맞추어 그릇에 담고 비늘 잣을 얹어 내기도 한다.

만드는 법

1 쇠고기는 찬물에 담가 핏물을 뺀 후 덩어리째 삶아서 잠시 눌렀다가 식힌 후 1×4cm, 두께 0.3cm 크기로 썰어 편육으로 만든다.

2 양배추, 오이, 당근은 1×4cm, 두께 0.3cm로 썰어 찬물에 담가 싱싱하게 한다.

3 밤은 겉껍질과 속껍질을 벗겨 생긴 모양대로 납작하게 썰어 물에 담그고, 배는 채소와 같은 크기로 썰어 설탕물에 담근다.

4 달걀은 황·백 지단을 0.3cm 두께로 부쳐 채소와 같은 크기로 썬다.

5 겨자는 동량의 따뜻한 물로 되게 개어서 발효시켜 매운 맛이 나면 식초, 설탕, 소금, 농축우유를 섞어 겨자장을 만든다.

6 큼직한 접시에 모든 재료를 색 맞추어 돌려 담고 차게 두었다가 겨자장을 곁들인다.

대합구이
蛤炙

대합구이는 대합살과 쇠고기, 두부 등을 섞어 껍데기에 다시 채워 구운 음식이다. 담백한 맛과 특유의 향을 지닌 대합은 조개 중에서 가장 맛과 모양이 훌륭하며 이른 봄부터 초여름까지 살이 쪄서 가장 맛이 좋다.

재료 및 분량

대합	5개	달걀	2개
조갯살	100g	붉은 고추	1개
쇠고기(우둔살)	100g	풋고추	1개
두부	50g	식용유	약간
소금	2작은술		
설탕	1작은술		
다진 파	2작은술		
다진 마늘	1작은술		
깨소금	1작은술		
참기름	1작은술		
후춧가루	1/6작은술		
밀가루	3큰술		

알아두기

대합은 3% 정도의 소금물에 하룻밤 담가 모래나 지저분한 불순물을 토하게 하고 껍데기를 깨끗이 씻어 사용한다.

만드는 법

1 대합은 옅은 소금물에 담가 불순물을 토해내고, 끓는 물에 잠시 넣어서 입이 벌어지면 대합살을 발라내고 내장은 제거한 다음 깨끗이 씻어 놓는다.

2 발라낸 대합살과 조갯살을 각각 번철에 기름없이 잠깐 볶아 물기를 제거한 후 다진다.

3 쇠고기는 곱게 다지고 두부는 물기를 제거한 뒤 곱게 으깨어 다진 대합살, 조갯살과 함께 양념하여 고루 섞는다.

4 붉은 고추와 풋고추는 잘게 썰어 고명으로 준비한다.

5 대합 껍데기의 물기를 제거하고 안쪽에 기름을 살짝 바른 다음 밀가루를 바르고 소를 골고루 편편하게 채워서 그 위에 밀가루, 달걀물을 묻혀 팬에 지진다. 이때 고명을 얹어 지지기도 한다.

6 지진 대합을 뒤집어서 껍데기 바깥쪽을 석쇠에 얹어 타지 않도록 굽는다. 초간장을 함께 내기도 한다.

木頭菜 두릅산적 散炙

두릅산적은 두릅 데친 것과 양념한 쇠고기를 번갈아 꼬치에 꿰어 지져낸 음식으로 향기가 매우 좋고 쇠고기와 맛이 잘 어울린다. 두릅은 산나물의 여왕이라고 일컬어질 정도로 봄을 대표하는 산채이며, 스트레스 해소와 피로회복에 좋은 음식재료로 알려져 있다.

재료 및 분량

두릅	300g
간장	1큰술
다진 마늘	1큰술
참기름	2작은술
깨소금	1작은술
쇠고기	300g
간장	3큰술
설탕	1큰술
다진 파	1큰술
다진 마늘	1/2큰술
참기름	1큰술
깨소금	1큰술
후춧가루	1/2작은술
잣가루	1큰술
식용유	약간
소금	약간
꼬치	8개

알아두기

- 두릅은 두릅나무의 어린 새순으로 봄에 나오는 향이 좋은 나물로 재배 두릅보다는 야생 두릅이 향이 더 좋다. 두릅회, 두릅나물, 두릅볶음, 두릅적, 두릅전 등에 이용하며, 염장하면 장기간 보관이 가능하다.
- 두릅과 쇠고기를 번갈아 끼운 다음 밀가루와 달걀물에 묻혀 지진 것을 두릅적이라고 하며, 지짐 누름적에 속한다.

만드는 법

1 두릅은 싱싱하고 통통한 것으로 겉껍질을 벗기고 소금을 넣은 끓는 물에 데친다. 데친 것을 찬물에 헹구어 큰 것은 4등분, 작은 것은 2등분하여 물기를 꼭 짜고 양념을 한다.

2 쇠고기는 0.7cm 정도의 두께로 넓게 저며서 잔 칼집을 하여 길이 6cm, 폭 0.8cm 정도로 썰어 양념한다.

3 양념한 두릅과 쇠고기를 꼬치에 번갈아 끼워서 석쇠에 굽거나 팬에 지지고, 다 익으면 접시에 담아 잣가루를 뿌린다.

사슬적

算炙

사슬적은 흰살생선을 막대 모양으로 썰어 생선살 사이에 다진 쇠고기를 끼워 넣거나, 생선살을 이어서 꿰고 뒷면에 다진 고기를 붙여서 지진 산적으로 사슬 모양으로 꿰었다고 하여 붙여진 음식명이다. 민어, 광어, 대구 등의 생선이 주로 이용된다. 『조선무쌍신식요리제법』에 꼬지에 꽂은 모양이 주판과 같아서 산적(算炙)이라고 하였다.

흰살생선	400g		밀가루	약간
소금	1작은술		식용유	약간
생강즙	1/2작은술		잣가루	약간
흰 후춧가루	약간		꼬치	8개
쇠고기	200g			
두부	70g			
소금	1작은술			
다진 파	2작은술			
다진 마늘	1작은술			
깨소금	1작은술			
참기름	2작은술			
후춧가루	1/4작은술			

알아두기

흰살생선과 쇠고기를 일정하게 토막 내어 양념한 후 생선살과 쇠고기 순으로 꼬치에 번갈아 꿰어 석쇠에 굽거나 팬에 지진 것을 '어산적'이라고 한다.

만드는 법

1 생선은 흰살생선으로 1×6cm, 두께 0.8cm 크기로 썰어 소금을 뿌려 두었다가 물기를 닦고 양념하여 무친다.

2 쇠고기는 살로 곱게 다지고, 두부는 물기를 제거하고 곱게 으깨어 양념한다.

3 생선을 꼬치에 꿰어 밀가루를 고루 묻힌 다음 양념한 고기를 생선 사이사이에 채워서 고르게 눌러 붙이고 칼등으로 자근자근 두드려 편편하게 잘 연결되도록 한다.

4 석쇠에 굽거나 팬에 기름을 두르고 약한 불에서 양면을 조심스럽게 지진다.

5 그릇에 담아 잣가루를 뿌리고 초간장을 곁들여 낸다.

＊ 생선만 꼬치에 꿰고 다진 고기는 생선보다 약간 작게 하여 생선 뒷면에 밀가루를 묻히고 붙여서 만들기도 하며, 구울 때는 생선 쪽부터 굽고 고기 붙인 쪽은 나중에 굽는다. 그릇에 담을 때도 생선 쪽이 위로 오도록 담는다.

각색전煎

전은 육류, 어패류, 해조류, 채소류, 버섯류 등의 여러 재료를 이용하여 밀가루와 달걀물을 씌워 기름에 지진 음식으로 각종 연회상 및 제사상, 일상 반상차림에 많이 이용된다. 여러 종류의 전을 한 그릇에 같이 담은 것을 각색전이라고 하며, 그 종류에는 애호박전, 새우전, 생선전, 표고전 등이 있다.

재료 및 분량

애호박	1/2개		달걀	4개
새우	8마리		밀가루	1/2컵
동태	1마리		식용유	1/2컵
표고버섯	8장			
쇠고기	50g		***초간장**	
두부	20g		간장	2큰술
간장	1/2작은술		식초	1큰술
소금	1/4작은술		물	1큰술
설탕	1/4작은술		잣가루	1작은술
다진 파	1작은술			
다진 마늘	1/2작은술			
깨소금	1/2작은술			
참기름	1/2작은술			
후춧가루	약간			

알아두기

전에 밀가루를 너무 많이 묻히면 달걀이 잘 안 묻고 옷이 벗겨지기 쉬우므로 밀가루를 묻히고 손바닥을 위아래로 돌리면서 살짝 털어준다. 전을 부친 후 겹쳐 놓으면 물기가 생기므로 채반 위에 펼쳐 놓아야 한다.

만드는 법

1 애호박은 가늘고 곧은 것으로 0.5cm 두께로 동그랗게 썰어 소금을 잠깐 뿌렸다가 물기를 거둔 다음 밀가루, 달걀물 순으로 묻혀 기름 두른 팬에 지진다.

2 새우는 꼬리와 마지막 마디 껍질만 남기고 머리와 껍질을 벗긴 다음, 등쪽의 내장을 꼬치로 꺼내고 배쪽이나 등쪽에 길이로 칼집을 넣어 펴서 소금, 흰 후춧가루를 뿌린다. 꼬리를 잡고 밀가루, 달걀물을 묻혀 기름 두른 팬에 지진다.

3 생선을 4×5cm 정도의 한 입 크기로 얇게 포를 떠서 소금과 흰 후춧가루를 골고루 뿌린 다음 밀가루, 달걀물을 묻혀 기름 두른 팬에 지진다.

4 표고버섯은 따뜻한 물에 충분히 불려 기둥을 떼고 물기를 제거한 후 간장, 설탕, 참기름으로 밑간을 한다. 쇠고기는 곱게 다지고 두부는 면보에 꼭 짜서 물기를 제거한 후 곱게 으깨어 양념한다. 표고버섯 안쪽에만 밀가루를 얇게 바르고 양념한 쇠고기를 편편하게 채워 소가 들어간 면만 밀가루, 달걀물을 묻혀 기름 두른 팬에 달걀 묻힌 쪽만 지진다.

5 그릇에 전을 골고루 보기 좋게 담고 초간장을 곁들여 낸다.

감국전 甘菊煎

감국전(甘菊煎)은 가을의 감국잎을 주재료로 하여 부친 전으로, 과거에는 임금의 탄신, 차례 때에 주로 쓰였다. 감국이란 10~11월에 노란 꽃이 피는 국화 종류이고 관상용이나 약용으로 꽃은 두통, 현기증에 효능이 있어 국화주, 국화전, 국화차에 쓰이며 잎은 감국전, 어채, 나물로도 쓴다. 약에 쓰는 것은 단맛 나는 것을 쓰기 때문에 감국(甘菊)이라고 부른다.

재료 및 분량

감국잎	30장	깨소금	1/4작은술
쇠고기	100g	참기름	1/2작은술
간장	2작은술	밀가루	3큰술
설탕	1작은술	달걀	2개
다진 파	1작은술	식용유	적량
다진 마늘	1/2작은술		
깨소금	1/2작은술		
참기름	1작은술		
후춧가루	약간		
두부	40g		
소금	1/4작은술		
다진 파	1작은술		
다진 마늘	1/2작은술		

알아두기

감국잎은 크기가 같은 것으로 준비하
고 쇠고기 대신 흰살생선을 쓰기도
한다.

만드는 법

1 감국잎은 중간 크기의 잎을 깨끗이 씻은 다음 물기를 닦는다.

2 쇠고기는 곱게 다져서 양념하고, 두부는 물기를 꼭 짜서 으깨어 양념한 후 쇠고기와 합
하여 소를 만든다.

3 감국잎 뒤쪽에 밀가루를 조금 바른 다음 소를 감국잎 모양대로 붙여 밀가루를 묻히고
달걀물을 씌운다.

4 팬에 기름을 두르고 약간 달군 다음 소를 붙인 면부터 약한 불에서 지지고 거의 다 익
으면 불을 끄고 잎 부분도 잠시 익힌다.

5 초간장을 곁들여 내기도 한다.

빈대떡 貧者餅

녹두를 갈아서 돼지고기, 김치, 채소 등을 넣고 부친 음식으로 원래
는 제사상이나 교자상에 기름에 지진 고기를 고배로 괼 때 밑받침으
로 썼다. 과거에는 가난한 사람들이 해먹었다고 하여 빈자(貧者)떡
또는 큰 경사에 손님 접대를 위하여 많이 부치므로 빈대(賓待)떡이
라고도 한다.

재료 및 분량

녹두(거피)	3컵
소금	1작은술
돼지고기	150g
간장	2작은술
설탕	1작은술
다진 파	2작은술
다진 마늘	1작은술
깨소금	2작은술
참기름	1작은술
배추김치(익은 것)	150g
참기름	약간
설탕	약간
숙주	150g
고사리	100g
파	30g

붉은 고추(실고추)	2개
식용유	적량

* 초간장

간장	2큰술
식초	1큰술
물	1큰술
잣가루	1작은술

알아두기

녹두 간 것에 양념한 돼지고기와 채소
를 한꺼번에 섞어 직경 6cm 정도로
부치면서 그 위에 파와 붉은 고추로
모양을 내기도 한다.

만드는 법

1 거피한 녹두는 12시간 이상 충분히 불려서 껍질을 으깨듯이 하여 깨끗이 벗긴 다음 조리로 일어서 물기를 뺀다.

2 물기 뺀 녹두가 잠길 정도로 물을 넣어 되직하게 갈아서 소금으로 간을 한다.

3 돼지고기는 곱게 다지거나 갈아서 양념을 하고 배추김치는 속을 털어 참기름과 설탕으로 양념한다.

4 고사리와 숙주는 데쳐서 2cm 길이로 썰어서 돼지고기, 배추김치와 함께 섞는다.

5 파는 푸른 잎만 4cm 길이로 어슷썰기하고 붉은 고추는 통썰기나 어슷썰기를 한다.

6 기름 두른 팬에 녹두 간 것을 직경 7cm로 놓고 그 위에 고기와 채소를 직경 5cm로 반대기 지어 놓은 후 파와 붉은 고추를 얹어 부친다.

7 초간장이나 양념간장을 곁들여 낸다.

대하찜 大蝦蒸

대하란 큰 새우를 말하는 것으로 대하찜은 새우의 등을
갈라 넓게 펴서 쪄내어 오색 고명을 올린 음식으로 새우
의 모양이 돋보이고 고명의 색이 화려해서 연회음식에 많
이 사용된다. 또 새우를 쪄서 오이, 죽순, 쇠고기 등과 함
께 잣즙에 무친 것도 대하찜이라고 한다.

재료 및 분량

대하	5마리
소금	1/2작은술
청주	1큰술
흰 후춧가루	약간
달걀	2개
붉은 고추	3개
오이	1개
소금	약간
석이버섯	4장
소금	약간
참기름	약간
잣	1작은술

알아두기

새우의 내장은 머리 부분에서 등쪽으로 있으므로 꼬치를 이용하여 등쪽 첫째와 둘째 마디 사이로 꺼내고 대하를 찔 때는 가는 대꼬치를 길이로 꿰어 찌면 모양이 구부러지지 않는다.

만드는 법

1 대하는 껍질이 윤기가 있고 탄력이 있으며 모양이 흐트러지지 않은 싱싱한 것으로 골라 깨끗이 씻어 머리와 꼬리를 제외한 몸통 부분의 껍질을 벗긴다. 새우의 등쪽으로 내장을 꺼내고 배쪽으로 칼집을 내고 등을 갈라 펴서 소금, 흰 후춧가루, 청주를 뿌리고 찜통에 잠깐 찐다.

2 달걀은 황·백으로 나누어 각각 지단을 부쳐서 3cm 길이로 곱게 채 썰고, 오이는 3cm 길이로 돌려깎기한 후 곱게 채 썰어 소금에 살짝 절였다가 헹구어 볶는다.

3 붉은 고추는 씨를 빼고 3cm 길이로 곱게 채 썰고 잣은 고깔을 떼어 둔다.

4 석이버섯은 따뜻한 물에 불려 씻어서 곱게 채 썰어 소금과 참기름으로 간을 한 뒤 팬에 살짝 볶는다.

5 찐 대하에 붉은 고추, 황색지단, 오이, 백색지단 순으로 고명을 얹고 그 위에 석이버섯과 잣도 고명으로 올린다.

도미찜 <ruby>道<rt></rt></ruby><ruby>味<rt></rt></ruby>蒸

도미찜은 통째로 칼집만 넣어 다진 쇠고기를 채워서 쪄내어 고명으로
장식한 찜으로 색이 아름답고 맛이 아주 훌륭하다. 『조선요리학』에
보면 '성종 때 허종이라는 장군이 국경 수비의 임무를 받들고 함경도
의주로 가게 되었는데 그곳 주민들이 갖은 양념을 한 도미를 대접하
였다. 술과 기녀를 좋아하기로 유명한 허종이 도미를 먹고 맛이 훌륭
하니 술과 기녀보다 몇 배 낫다하여 승기악탕(勝妓樂湯)이라 하였다'
고 전해진다.

도미	1마리
소금	1/2큰술
청주	2큰술
흰 후춧가루	약간
쇠고기(우둔살)	100g
간장	1큰술
설탕	1/2큰술
다진 파	2작은술
다진 마늘	1작은술
깨소금	1작은술
참기름	1작은술
후춧가루	1/4작은술
달걀	2개
붉은 고추	3개

오이	1개
소금	약간
석이버섯	5장
소금	약간
참기름	약간
식용유	약간

알아두기

도미는 살이 오르는 3~4월인 초봄이 제철이며 모양이 잘 생겨 예부터 귀한 손님을 대접하는 연회음식이나 이바지 음식에 제 모양을 살려 많이 사용하였다. 구이나 찜, 회, 탕으로도 이용한다.

만드는 법

1 도미는 비늘과 내장을 제거하고 깨끗이 씻어 양면을 2cm 간격으로 칼집을 내고 소금을 뿌려 두었다가 물기를 거둔 뒤 소금, 청주, 흰 후춧가루를 골고루 뿌린다.

2 쇠고기는 곱게 다져 양념한 뒤 도미의 칼집을 낸 사이에 골고루 채워서 김이 오른 찜통에 넣어 익을 때까지 찐다.

3 달걀은 황·백으로 나누어 각각 지단을 부쳐서 5cm 길이로 채 썰고, 오이는 5cm 길이로 돌려깎기한 후 채 썰어 소금에 살짝 절였다가 볶는다.

4 붉은 고추는 씨를 빼고 5cm 길이로 곱게 채 썰고, 석이버섯은 따뜻한 물에 불려 씻어서 곱게 채 썰어 소금, 참기름으로 간을 한 뒤 팬에 살짝 볶는다.

5 잘 쪄진 도미를 접시에 담고 황색 지단, 석이버섯, 흰색 지단, 붉은 고추, 오이순으로 고명을 보기 좋게 올린다.

갈비찜 加伊蒸

갈비찜은 쇠갈비를 주재료로 무, 당근, 표고버섯 등의 채소를 넣고 갖은 양념을 하여 국물을 자작하게 붓고 은근한 불에서 푹 익힌 음식으로 반상, 교자상, 주안상에 주로 올린다. 『시의 전서』에는 '갈비를 한치 길이로 잘라 튀한 다음 양과 부아, 곱 창, 무, 다시마를 같이 넣고 푹 삶아 건져 이들을 잘게 자르고 표고버섯, 석이버섯도 썰고 파, 미나리는 데쳐서 갖은 양념하 여 볶은 다음, 그릇에 담고 고명을 얹는다'고 기록되어 있다.

재료 및 분량

쇠갈비	800g	설탕	3큰술
육수	4컵	다진 파	2큰술
무	200g	다진 마늘	2큰술
당근	200g	참기름	1큰술
표고버섯(중)	4개	깨소금	1큰술
잣	1작은술	후춧가루	1/2작은술
달걀	1개		
은행	5개		
밤	4개		
식용유	약간		

*양념장

간장	6큰술
배즙	6큰술

알아두기

- 쇠갈비는 소의 늑골로 '가리'라고도 하여 갈비찜을 '가리찜'이라고도 한다.
- 갈비찜을 만든 다음, 석쇠에 양념장을 발라가면서 구워 잣가루를 뿌려 내면 쇠갈비찜구이가 된다.

만드는 법

1. 쇠갈비는 5cm로 토막을 내어 찬물에 담가 핏물을 뺀 다음, 끓는 물을 갈비가 잠길 정도만 넣어 살짝 삶는다. 갈비에 붙은 질긴 힘줄이나 기름을 떼어내고 2cm 간격으로 칼집을 넣고, 육수는 식혀서 기름을 걷어 놓는다.
2. 표고버섯은 더운 물에 불려 기둥을 떼고 2~3등분하고, 밤은 속껍질을 벗긴다. 무와 당근은 3cm 크기로 썰어 모서리를 다듬어서 끓는 물에 데친다.
3. 달걀은 황·백 지단을 얇게 부쳐서 완자형이나 골패형으로 썬다. 은행은 팬에 기름을 약간 두르고 볶아서 마른 행주나 종이로 비벼서 벗긴다.
4. 삶은 갈비를 냄비에 담고 양념장을 2/3 정도 넣어 고루 섞고, 준비한 육수를 넣어서 중불에서 서서히 끓인다.
5. 갈비가 무르게 익으면 데친 무, 당근, 밤, 표고버섯을 넣고 남은 양념장을 넣어 약한 불에서 서서히 익힌다. 국물이 약간 남으면 뚜껑을 열고 양념장을 고루 끼얹어 윤기나게 한다.
6. 갈비와 채소가 맛이 어우러지면 은행을 넣어 한소끔 끓여서 더운 찜그릇에 담고 달걀지단과 잣을 고명으로 얹는다.

궁중닭찜

궁중닭찜은 닭을 삶아 살만 발라 양념하고 여러 가지 버섯을 넣고 녹말을 풀어 걸쭉하게 만든 음식으로 맛이 담백하고 뼈가 없어 먹기에 좋은 궁중음식의 하나이다. 일반적인 닭찜은 닭을 토막내어 채소, 버섯 등과 양념장을 넣고 익힌 것으로 궁중닭찜과는 차이가 있다.

재료 및 분량

닭(중)	1마리		*닭살 양념	
파	2뿌리		소금	1큰술
통마늘	3쪽		다진 파	2큰술
생강	1쪽		다진 마늘	1큰술
표고버섯	3장		깨소금	1큰술
석이버섯	3장		참기름	1큰술
목이버섯	3장		후춧가루	1/4작은술
녹말가루	3큰술			
물	3큰술			
달걀	2개			
소금	약간			
후춧가루	약간			

만드는 법

1 닭은 내장을 빼고 손질하여 파, 마늘, 생강을 크게 저며 넣어 푹 무르게 삶은 다음, 껍질을 벗기고 뼈를 발라내어 살만 굵직하게 찢어 놓는다.

2 굵게 찢은 닭살은 양념을 넣고 골고루 무친다.

3 닭 국물은 식혀서 기름을 걷어내고 깨끗한 면보에 걸러 둔다.

4 표고버섯은 물에 불려 기둥을 떼어 굵게 채 썰고, 목이버섯은 불려서 흙을 제거하여 한 잎씩 떼어 굵게 채 썬다. 석이버섯은 더운 물에 불려 비벼서 안쪽의 이끼를 떼고 깨끗이 손질한 후 굵게 채 썬다.

5 냄비에 닭 국물 4컵을 붓고 끓여 소금, 후춧가루로 간을 하고 표고버섯, 목이버섯, 석이버섯을 넣고 끓어오르면 녹말물을 조금씩 넣으면서 걸쭉하게 만든다. 국물이 끓어오르면 달걀을 풀어서 줄알을 친다.

6 전골냄비나 찜그릇을 뜨겁게 하여 양념한 닭살을 담고 석이버섯을 약간 얹은 다음 줄알이 흐트러지지 않게 국물을 붓고 뚜껑을 덮어서 낸다.

두부선膳

두부선(豆腐膳)은 두부를 으깨어 곱게 다진 닭고기를 섞어 표고버섯, 석이버섯, 달걀 등 각색 고명을 얹어 쪄낸 음식이다. 이용기의 『조선무쌍신식요리제법』에는 선이란 반찬 '선(膳)'으로 좋은 음식이라는 뜻으로 표기되어 있다. 오이선, 호박선, 가지선 등의 채소선뿐만 아니라 양선, 황과선, 계란선, 두부선 등이 있다.

재료 및 분량

두부	1모(약 450g)
닭고기(가슴살)	100g
소금	2작은술
설탕	1작은술
다진 파	1큰술
다진 마늘	1작은술
흰 후춧가루	1/6작은술
생강즙	1작은술
깨소금	2작은술
참기름	2작은술
표고버섯	2장
석이버섯	5g
달걀	1개
잣	1큰술
파잎	15g
실고추	3g

*초간장	
간장	2큰술
식초	1큰술
물	1큰술
잣가루	1작은술

알아두기

두부찜은 1.5cm 두께로 썰어 지진 다음 다진 쇠고기, 표고버섯을 양념하여 얹어 살짝 끓여 간이 배면 달걀지단, 석이버섯, 실고추 등을 고명으로 얹어 만든다.

만드는 법

1 두부는 물기를 꼭 짜서 칼을 옆으로 뉘어서 덩어리 없이 으깨어 체에 내린 다음, 곱게 다진 닭고기 가슴살을 섞어 양념한다.

2 불린 표고버섯과 석이버섯을 손질하여 2cm 길이로 곱게 채 썬다.

3 달걀은 황·백 지단을 얇게 부쳐 2cm 길이로 채 썰고 잣은 길이로 반을 갈라 비늘잣을 만든다.

4 파는 잎 부분으로 가늘게 채 썰고 실고추는 짧게 잘라 놓는다.

5 젖은 행주를 깔고 그 위에 두부, 닭고기 섞은 것을 1cm 두께로 네모지게 고루 편 다음 표고버섯, 석이버섯, 달걀, 잣, 파잎, 실고추를 색스럽게 얹어 고명이 떨어지지 않게 살짝 눌러서 약 10분 정도 쪄낸다.

6 식은 후 3×3cm 크기로 모양 있게 썰어 초간장을 곁들어 낸다. 겨자장을 내기도 한다.

미나리강회 水芹江膾

미나리강회는 미나리를 살짝 데쳐 다른 재료들과 함께 상투 모양으로 돌돌 말아 초고추장에 찍어 먹는 숙회의 일종으로 봄의 미각을 돋우는 음식이다. 미나리는 비타민이 풍부한 알칼리성 식품으로 혈압강하, 해열진정, 일사병 등에 효과가 있다. 손이 많이 가는 것이 흠이지만 화려하여 주안상이나 교자상에 잘 어울린다.

재료 및 분량

미나리	200g
쇠고기	200g
붉은 고추	3개
달걀	1개
잣	2큰술
소금	1/2작은술

*초고추장

고추장	1큰술
설탕	1큰술
식초	1큰술
육수(또는 물)	1큰술

알아두기

파강회도 숙회의 일종으로 실파를 데쳐서 미나리강회와 같은 방법으로 만들며 색이 아름답고 맛이 있어 식욕을 돋우기에 좋은 음식이다.

만드는 법

1 미나리는 잎을 떼고 다듬어 줄기 부분만 소금을 넣은 끓는 물에 살짝 데쳐서 찬물에 헹구어 물기를 꼭 짠다.

2 쇠고기는 핏물을 빼고 끓는 물에 삶아서 눌러 식혀 1×4cm, 두께 0.3cm로 썰어 편육을 만든다.

3 달걀은 황·백 지단으로 두껍게 지단을 부쳐 편육과 같은 크기로 썬다.

4 붉은 고추는 씨를 빼고 0.5×4cm 크기로 썰고 잣은 마른 행주로 닦아 고깔을 뗀다.

5 미나리는 한두 줄기를 길이 4cm 정도 되게 2~3회 접고 그 위에 편육, 황·백 지단, 붉은 고추를 얹어 돌돌 말면서 끝 가닥을 상투 모양으로 틀어 감아 안정감 있게 만 다음, 끝을 안으로 집어 넣고 잣을 끼운다.

6 접시에 예쁘게 돌려 담고 초고추장과 함께 낸다.

어채 魚菜

어채(魚菜)는 흰살생선, 오이, 버섯 등을 녹말가루에 묻혀 끓는 물에 살짝 데친 후 보기 좋게 담은 숙회의 일종이다. 『규합총서』에는 '숭어, 처녑, 양, 곤자소니, 꿩고기, 대하, 전복, 해삼, 삶은 제육, 미나리, 표고버섯, 석이버섯, 파, 국화잎 등을 각기 채 썰어 녹말가루를 묻혀 끓는 물에 데쳐 건진 후 접시에 담고 그 위에 생강, 황·백 지단, 고추 등을 채 썰어 얹어 장식하는 회'가 어채라고 기록되어 있다.

재료 및 분량

민어(흰살생선)	400g	청주	1/2큰술
오이	1/2개	식초	2큰술
붉은 고추	2개	설탕	2작은술
표고버섯	3장	마늘즙	2작은술
석이버섯	3장	생강즙	1작은술
감국잎	10장		
잣	1작은술		
소금	약간		
흰 후추가루	약간		
녹두녹말	5큰술		

*초고추장

고추장	4큰술
간장	1/2큰술

알아두기

숙회로 이용할 수 있는 해물로는 대합, 전복, 오분자기, 소라, 홍합 등의 조개류와 문어, 낙지, 오징어, 꼴뚜기 등의 연체류 및 새우, 게 등의 갑각류 등이 있다.

만드는 법

1. 흰살생선(민어, 광어, 대구 등)은 물이 좋은 것으로 골라서 비늘을 긁고 내장을 뺀 다음, 3장 뜨기를 하여 껍질을 벗기고 살로 넓게 떠서 1cm 두께로 납작납작하게 저며 소금, 흰 후춧가루를 뿌려 둔다.
2. 달걀은 황·백 지단을 얇게 부쳐 2×4cm로 썬다.
3. 오이는 껍질 부분으로 2×4cm로 썰고, 표고버섯과 석이버섯은 더운 물에 불려서 손질하여 오이와 비슷한 크기로 썬다.
4. 붉은 고추는 씨를 빼 오이와 같은 크기로 썰고, 감국잎은 깨끗이 씻어 물기를 닦아 둔다.
5. 끓는 물에 소금을 약간 넣고 준비한 재료들을 녹말가루에 묻혀서 살짝 데쳐 찬물에 헹구어 건진다.
6. 마늘과 생강을 갈아서 즙을 내어 초고추장을 만든다.
7. 접시에 채소와 생선살을 색스럽게 돌려 담고, 초고추장에 잣가루를 뿌려 곁들여 낸다. 겨자장을 내기도 한다.

삼합장과

三合醬瓜

삼합장과(三合醬瓜)는 해삼, 전복, 홍합의 세 가지 해산물과 쇠고기를 함께 조린 숙장과로 재료가 호화롭고 맛이 훌륭하다. 장과(醬瓜)는 장아찌의 한자말로 제철에 흔한 채소를 간장, 고추장, 된장 등에 넣어서 장기간 저장하는 것이고, 숙장과는 간장물에 조리거나 볶아서 익힌 것을 말한다.

재료 및 분량

생홍합	100g
생전복	1개(약 100g)
불린 해삼	100g
쇠고기(우둔살)	50g
간장	1작은술
설탕	1/2작은술
참기름	1/3작은술
후춧가루	약간
파	1뿌리
마늘	2쪽
생강	1쪽
참기름	1작은술
잣가루	1작은술
소금	약간

*조림장	
간장	2큰술
설탕	1큰술
물	1/2컵
후춧가루	1/4작은술

알아두기

전복이 귀하고 비싸기 때문에 참소라를 대신 쓰기도 하며, 생홍합이 없는 경우는 말린 홍합을 불려서 사용하기도 한다. 해삼은 반드시 말린 것을 불려서 사용한다.

만드는 법

1 홍합은 잔털을 다듬어서 엷은 소금물에 흔들어 씻어 끓는 물에 살짝 데친다.

2 전복은 껍질을 솔로 깨끗이 씻고 살의 검은 막은 소금으로 문질러 씻은 다음 내장을 떼어내고 얇게 어슷하게 저민다.

3 불린 해삼은 내장을 빼고 깨끗이 씻은 다음 3×2cm 크기로 어슷하게 저며 썬다.

4 쇠고기는 2.5×3cm의 크기로 납작납작하게 썰어서 고기양념을 한다.

5 파는 흰 부분으로 3cm 길이로 썰고 마늘과 생강은 얇게 저며 썬다.

6 냄비에 조림장을 넣고 끓어오르면 먼저 양념한 쇠고기를 넣어 조리고 쇠고기가 어느 정도 익으면 나머지 재료를 넣어 간이 고루 배도록 위아래를 가끔 섞어 주면서 서서히 조린다.

7 국물이 거의 조려지면 참기름을 넣고 고루 섞어 그릇에 담고 국물을 약간 끼얹은 후 잣가루를 고명으로 뿌린다.

장김치 醬沈菜

장김치는 무, 배추 등을 간장에 잠깐 절였다가 여러 가지 양념과 배, 밤, 석이버섯, 표고버섯 등을 넣고 간장 맛으로 익힌 국물김치를 말한다. 궁중상차림과 격식을 차린 상차림에 올렸으며 간장으로 간을 한 유일한 김치로 겨울철에 특히 맛이 좋다.

재료 및 분량

배추	500g		마늘	4쪽
진간장	2/3컵		간장	1/2컵
무	200g		물	3컵
갓	100g		설탕(꿀)	1 1/2큰술
미나리	100g			
표고버섯	3장(10g)			
석이버섯	5g			
밤	100g			
대추	20g			
배	100g			
잣	2큰술			
생강	15g			
실고추	3g			
파	50g			

알아두기

- 장김치는 담근 후 2~3일이면 제 맛이 난다.
- 장김치는 밥상보다 떡을 주로 차리는 상이나 떡국 상에 어울린다.

만드는 법

1 배추는 겉잎을 떼어내고 연한 속잎을 골라 2.5×3.5cm 정도로 썰어 간장으로 절인다. 배추가 어느 정도 절여지면 무는 배추보다 약간 작게 썰어 같이 절인다(배추가 더디게 절여지기 때문에 먼저 절이는 것이 좋다).

2 갓과 미나리는 다듬어 씻어 3.5cm 정도로 썬다.

3 표고버섯은 불려 채로 썰고, 석이버섯도 손질하여 채로 썬다.

4 배는 무와 같은 크기로 썬다.

5 밤은 속껍질을 벗겨 납작하게 썰고 대추는 씨를 발라내어 4~5등분한다.

6 마늘, 생강, 파의 흰 부분을 채 썰고, 실고추는 3cm 길이로 자른다.

7 절인 배추와 무를 건져 준비된 재료를 전부 함께 버무려 항아리에 담고 절였던 간장물에 물을 보태어 꿀이나 설탕을 넣고 간을 맞춘 후 국물을 붓고 배춧잎으로 덮는다.

茶食 새우 · 북어포다식

새우 · 북어포다식은 마른 새우와 북어포를 갈아서 꿀 등으로 반죽하여 다식판에 찍어 낸 마른 찬의 하나로 새우 · 북어보푸라기에서 모양을 낸 변형된 형태라고 볼 수 있다. 죽상차림에 북어보푸라기 대신 올리기도 한다.

마른 새우	100g
꿀	3큰술
깨소금	1큰술
참기름	2큰술
북어포	1/2마리
따뜻한 물	1작은술
소금	1/4작은술
물엿	1작은술
참기름	1작은술

알아두기

마른 새우와 북어는 지나치게 마른 상태로 갈면 먼지처럼 가루가 되므로 약간 수분을 주는 것이 좋다.

만드는 법

1 마른 새우는 마른 행주로 비벼서 불순물을 닦아 손질한다.

2 분쇄기에 마른 새우와 깨소금을 넣고 곱게 간 다음 참기름과 꿀을 넣고 반죽한다.

3 북어는 방망이로 두들겨 뼈를 발라내고 잘게 찢어 분쇄기에 간다.

4 갈은 북어포에 물, 소금, 물엿, 참기름을 넣고 반죽한다.

5 반죽한 새우와 북어포를 밤톨 크기만큼 떼어 다식판에 찍어낸다.

6 새우다식, 북어포다식을 함께 담아낸다.

부각

부각은 깻잎, 들깨송이, 풋고추, 참죽잎, 산동백잎, 아카시아꽃 등의 채소나 김, 다시마, 미역 등의 해조류에 찹쌀풀을 발라 햇볕에 말려두었다가 필요할 때마다 기름에 튀겨서 내는 마른 찬으로 반찬이나 술안주로 적당한 건조저장식품이다.

재료 및 분량

산동백잎	40g
김	4장
미역귀	40g
표고버섯	40g
찹쌀	20g
잣	2작은술
통깨	1큰술
식용유	적량

*찹쌀풀 양념

찹쌀가루	2컵
물	3컵
소금	1작은술

알아두기

부각류는 서로 붙지 않도록 자리를 옮겨 주면서 바짝 말려서 습기가 차지 않도록 항아리 등에 보관한다.

만드는 법

1 찹쌀가루에 물을 부어 덩어리지지 않게 푼 다음 찹쌀풀을 쑤어 소금으로 간을 하고 식힌다.

2 김부각은 김에 찹쌀풀을 발라 2장씩 붙여 거의 말랐을 때 6등분하여 통깨를 약간씩 뿌려 햇볕에 말린다.

3 동백잎부각은 동백나무잎을 깨끗이 씻어 김이 오르는 찜통에 살짝 찐 다음 물기를 거두고, 동백잎을 한 장씩 펴서 찹쌀풀을 고루 바른 다음 통깨를 뿌려서 말린다.

4 미역귀부각은 미역귀를 적당한 크기로 잘라 젖은 행주로 닦아 찹쌀풀을 바르고 잣을 고루 올려 떨어지지 않도록 잘 말린다.

5 표고부각은 마른 표고버섯에 찹쌀풀을 안쪽으로 발라 말린 것으로 찹쌀을 쪄서 밥알 형태가 남도록 붙이기도 한다.

6 튀길 때는 140~150℃의 너무 높지 않은 온도에서 망에 재료를 담은 채 튀겨 바로 꺼내어 여분의 기름을 빼고 그릇에 담는다.

煎藥 전약

전약(煎藥)은 쇠족이나 쇠머리가죽을 무르게 고아서 꿀과 대추, 계피가루, 생강, 정향, 후추 등 향신료를 넣고 끓여 굳혀서 족편처럼 썰어 만든 보양음식으로 동지절식이기도 하였다. 『동국세시기』 11월에는 '내의원(內醫院)에서 쇠가죽을 진하게 고아서 관계(官桂)·생강·정향(丁香)·후추·꿀 등을 섞어 굳힌 후 임금에게 진상하였다'는 기록이 있다.

재료 및 분량

쇠족	1kg
쇠머리가죽	300g
정향	8개
생강	100g
통후추	1작은술
대추	3컵
계피가루	1큰술
후춧가루	1/2작은술
꿀	5컵
잣	1큰술

알아두기

대추고란 대추를 오랜 시간 푹 고아 체에 내려 만든 것으로 거의 국물이 없는 상태이다.

만드는 법

1 쇠족은 토막을 내어 물에 담가 핏물을 빼고, 쇠머리가죽은 깨끗이 씻어 끓는 물에 데친 후 다시 씻어 충분한 물을 붓고 정향, 생강, 통후추를 넣고 푹 무르게 5~6시간 정도 삶는다.

2 뼈가 잘 빠지도록 충분히 삶아지면 뼈를 추려내고 국물은 체에 밭이고, 고기는 핏줄이나 지저분한 것을 떼어내고 곱게 다진다.

3 대추는 물을 붓고 푹 고아 체에 내려서 대추고를 만든다.

4 쇠족 삶은 국물과 다진 고기, 대추고, 계피가루, 후춧가루, 꿀을 함께 넣고 약한 불에서 뭉근하게 끓여서 걸쭉하게 만든다.

5 네모난 그릇에 2~3cm 두께가 되도록 쏟아서 잣을 뿌린 다음 굳혀서 썬다.

족편

족편(足片)은 쇠족을 충분히 삶아서 콜라겐을 젤라틴화
하여 뼈를 추려내고 양념하여 고명을 얹어 묵같이 식힌
것으로 사태를 같이 넣고 삶으면 맛과 영양면에서 더욱
좋다. 족편은 썬 모양이 떡처럼 반듯하다 하여 족병(足餠)
이라고도 하였으며, 족편을 썰어 채소, 버섯 등을 넣고 겨
자즙에 무쳐서 족채를 만들기도 한다.

재료 및 분량

쇠족	1개(2kg)
사태	500g
생강	50g
마늘	5쪽
양파(대)	1개
달걀	1개
석이버섯	5g
실고추	약간
파잎	20g
흰 후춧가루	약간
생강즙	약간
다진 마늘	약간

*초간장

간장	2큰술
식초	1큰술
물	1큰술
잣가루	1작은술

알아두기

- 용봉족편은 닭고기나 꿩고기를 쇠족과 함께 섞어 만든 것이며 닭고기와 건대구 등을 섞어 만들 수도 있다.
- 삶은 족을 진간장으로 간을 하면 장족편, 간장을 많이 넣고 삶은 달걀을 넣어 굳혀서 만들면 족장과라고 한다.

만드는 법

1 쇠족은 토막을 내어 물에 담가 핏물을 빼고 끓는 물에 살짝 끓여내어 깨끗이 씻는다. 생강, 마늘, 양파, 사태를 함께 넣고 끓이면서 가끔 기름을 걷어내고 뼈가 빠지도록 6~7시간 정도 푹 삶는다. 사태가 푹 무르면 먼저 꺼낸다.

2 충분히 삶아지면 뼈를 추려내어 국물은 체에 밭아 놓고, 고기는 지저분한 것을 떼어내고 곱게 다진다.

3 달걀은 황·백 지단을 부쳐 3cm 길이로 가늘게 채 썰고, 석이버섯은 더운 물에 불려 깨끗이 손질하여 곱게 채 썬다.

4 실고추는 3cm 정도로 잘라 놓고, 파잎도 3cm 정도의 채로 썬다.

5 다진 고기는 소금, 흰 후춧가루, 다진 마늘, 생강즙을 넣고 양념하여 국물과 함께 끓이면서 눋지 않도록 약한 불에서 서서히 끓인다.

6 네모난 그릇에 두께 2cm 정도로 붓고, 윗면이 약간 굳으면 달걀지단채, 석이버섯채, 파잎, 실고추를 예쁘게 얹고 차게 하여 완전히 굳힌다.

7 묵처럼 굳으면 먹기 좋은 크기로 썰어 초간장이나 겨자장을 곁들여 낸다.

사태편육

편육(片肉)은 고기를 푹 삶아 물기를 뺀 다음 눌러 굳힌 다음 얇게 저민 것으로 쇠머리, 양지, 사태, 부아, 지라, 우설, 우랑, 우신, 유통 등과 돼지의 머리, 삼겹살 등이 쓰인다. 통상적으로 쇠고기를 삶은 것을 수육, 돼지고기를 삶은 것을 편육이라고 하나, 근래에는 통틀어 편육이라고 한다. 쇠고기는 초간장, 돼지고기에는 새우젓국을 곁들여 먹으면 맛이 좋다.

재료 및 분량

쇠고기(사태)	600g
소금	1/2작은술
생강편	15g
통마늘	30g

*초간장

간장	2큰술
식초	1큰술
물	1큰술
잣가루	1작은술

알아두기

- 쇠고기 편육 중에 사태편육이 가장 맛이 담백하다. 특히 아롱사태는 젤라틴이 많아 쫄깃쫄깃하게 씹히는 맛이 일품이다.
- 고기를 삶을 때 물의 양은 냄비의 크기에 따라 달라지나, 보통 고기가 푹 잠길 정도가 좋다.

만드는 법

1 쇠고기(사태)는 찬물에 담가 핏물을 뺀 후 적당한 크기로 토막을 낸다.

2 냄비의 물이 끓어오르면 사태와 소금을 넣고 끓인다. 물이 다시 끓어오르면 생강편과 통마늘을 넣어 중간 불에서 끓이면서 떠오르는 거품을 가끔 걷어낸다.

3 고기가 다 익으면 꺼내어 베보자기나 소창 행주에 굵기가 일정하고 둥글게 모양을 잡아 말아서 끈으로 묶어 굳힌다.

4 고기가 완전히 식고 모양이 잡히면 풀어서 고기결의 반대 방향으로 얇게 저며 썰고 초간장을 곁들여 낸다.

마른 구절판

아홉 칸으로 나누어진 목기에 아홉 가지 재료를 담아 구절판(九折坂)이라고 한다. 곶감쌈, 잣솔, 대추초, 은행, 호두튀김 등을 정성스럽게 담아 교자상이나 주안상에 올린다.

육 포

재료 및 분량

쇠고기(우둔살)	500g
간장	5큰술
설탕	1큰술
후춧가루	1/2작은술
생강	30g
마른 고추	1/2개
꿀	1 1/2큰술
참기름	2큰술
잣	1큰술
물엿	약간

만드는 법

1 쇠고기는 고기의 결과 반대 방향으로 0.4cm 두께로 얇고 넓게 포를 뜬 다음 기름과 힘줄을 제거한다.
2 냄비에 간장, 후춧가루, 설탕, 생강편, 마른 고추를 넣고 잠깐 끓여 식힌 다음 꿀을 섞는다.
3 육포감을 한 장씩 양념장에 담가 골고루 주무른 다음 간이 충분히 배도록 1시간 정도 재워 둔다.
4 채반에 겹치지 않게 펴 통풍이 잘 되고 햇볕 좋은 곳에 넌다. 3~4시간 지난 다음 뒤집는다.
5 바짝 마르기 전에 거두어 한지를 깔고 말린 포의 끝을 잘 펴서 차곡차곡 싼다. 도마나 판자 위에 놓고 무거운 것으로 누른 다음 다시 말린다.
6 참기름을 살짝 바르고 먹기 좋은 크기로 썬 다음 잣에 물엿을 묻혀 장식하여 구절판에 담는다.

잣 솔

재료 및 분량

잣	1/3컵
솔잎	약간
다홍실	약간

만드는 법

1 잣은 굵은 것으로 골라 마른 행주로 닦아 고깔을 뗀다.
2 잣의 뾰족한 부분에 솔잎을 꿰어 다섯 잎씩 모아 끝에서 3cm 정도의 부분을 다홍실로 묶은 뒤 가위로 솔잎의 끝을 잘라내어 담는다.

도라지정과

통도라지(껍질 벗긴 것)	200g
설탕	100g
소금	약간
물	2컵
물엿	2큰술

 만드는 법

1 통도라지는 깨끗하게 손질하여 4cm 길이로 잘라 굵은 것은 4등분하고, 가는 것은 2등분하여 소금으로 바락바락 주물러 쓴맛을 뺀다.
2 손질한 도라지를 끓는 소금물에 넣어 무르지 않게 데쳐 찬물에 헹군다.
3 냄비에 도라지, 설탕, 소금을 넣고 도라지가 잠길 정도의 물을 부어 끓인다.
4 끓기 시작하면 물엿 1큰술을 넣고 약한 불에서 속뚜껑을 덮고 투명해질 때까지 서서히 조리는데, 거의 조려지면 나머지 물엿 1큰술을 넣어 윤기를 낸다.
5 망에 밭아 남은 단물을 없앤 뒤 구절판에 담는다.

호두튀김

재료 및 분량

호두	30개
녹말가루	1큰술
소금	약간
식용유	적량

만드는 법

1 호두는 반으로 갈라 뜨거운 물에 불려서 속껍질을 벗긴다.
2 껍질 벗긴 호두에 녹말가루를 고루 묻혀 망에 담아 여분의 가루를 털어내고 중간 온도 기름에서 서서히 튀긴다.
3 뜨거울 때 소금을 뿌린다.

대추초

재료 및 분량

대추	30개(100g)
물	1컵
설탕	3큰술
소금	약간
물엿	1 1/2큰술
꿀	1큰술
계피가루	약간
식용유	1/2작은술
잣	2큰술

만드는 법

1 대추는 젖은 행주로 깨끗이 닦아 씨를 발라 낸 뒤 살짝 찐다.
2 물, 설탕, 소금, 물엿을 넣고 대추를 넣어 뭉근한 불에서 졸여 국물이 거의 없어지면 꿀을 넣고 마지막으로 계피가루와 식용유를 넣는다. 그리고 넓은 그릇에 펴서 식힌다.
3 대추씨를 뺀 자리에 잣을 서너 개씩 넣어서 원래의 대추 모양으로 만들고 잣이 보이도록 한 개씩 박아 위로 가도록 구절판에 담는다.

밤 초

재료 및 분량

밤	15개
물	1 1/2컵
설탕	100g
소금	약간
치자물	1/2작은술
물엿	2큰술
꿀	1큰술
잣가루	1작은술

만드는 법

1 밤은 속껍질까지 깨끗이 벗겨 물에 씻은 다음 살짝 데친다.
2 분량의 물, 설탕, 소금, 치자물을 섞어 끓기 시작하면 데친 밤을 넣어 중간 불에서 계속 끓인다.
3 국물이 반쯤 줄었을 때 물엿을 넣어 계속 졸이다가 거의 졸여지면 꿀을 넣어 맛을 낸다.
4 망에 밭아 여분의 시럽을 제거하고 잣가루를 뿌려 구절판에 담는다.

곶감쌈

재료 및 분량

주머니곶감	10개
호두	14개
물엿	약간

 만드는 법

1 곶감은 꼭지를 떼어 넓게 펴서 씨를 빼고 밑
부분은 약간 잘라낸다.
2 호두는 딱딱한 심을 빼고 물엿을 발라 원래
의 한 덩어리 모양대로 붙여 둔다.
3 김발 위에 곶감을 조금씩 겹쳐 놓고 호두를
올린 후 김밥 말듯이 돌돌 만다.
4 모양을 고정시킨 후 냉동실에 넣어서 잠시
굳혔다가 0.8~1cm 두께로 썰어 담는다.

콩다식

재료 및 분량

노란콩가루	1컵(70g)
소금	1/4작은술
시럽	4큰술
물엿	1/2컵
설탕	1/4컵
물	1큰술
꿀	2큰술

 만드는 법

1 노란콩은 재빨리 씻어 물기를 뺀 후 타지 않
게 볶는다. 껍질이 갈라질 때까지 볶아 식
힌 후 소금 간을 하여 분쇄기로 갈아 고운
체에 내린다.
2 물엿, 설탕, 물을 섞어 약한 불에 설탕이 녹
을 때까지 끓인 후 꿀을 넣어 식힌다.
3 콩가루에 분량의 시럽을 넣어 되직하게 반
죽하여 도토리 크기만큼 떼어서 다식판에
박아낸다.

은행볶음

재료 및 분량

은행	30알
잣	1큰술
소금	약간
식용유	적량

 만드는 법

1 팬을 뜨겁게 달구어 기름을 두르고 은행을 넣어 굴리면서 소금 넣고 볶는다. 은행이 새파랗게 익으면 불에서 내려 행주나 종이로 고루 비벼 속껍질을 벗긴다.
2 가는 꼬치에 은행과 잣을 보기 좋게 끼운다.

알아두기

• 마른 구절판에 담는 음식으로는 육포, 잣솔, 도라지정과, 호두튀김, 대추초, 밤초, 곶감쌈, 콩다식, 은행볶음 이외에 어포, 율란, 조란, 육포다식, 생률, 유자정과, 어란, 대추인삼말이 등이 있다.

• 일반적으로 밀전병에 여덟 가지의 재료를 써서 먹는 음식을 구절판이라고 하며 마른 구절판과 구분이 되도록 '진구절판'이라고도 한다.

진달래화전

화전은 찹쌀가루를 익반죽하여 둥글게 빚어 꽃 또는 대추와 쑥갓잎을 붙여 지진 떡이다. 봄에는 진달래꽃으로 만든 진달래화전, 일명 두견화전(杜鵑花煎)을 먹고, 여름에는 노란 장미로 만든 장미화전과 맨드라미화전을, 가을에는 감국화로 만든 감국화전을 먹으며, 대추와 쑥갓잎으로 장식한 화전은 사계절 내내 먹을 수 있다.

재료 및 분량

찹쌀가루	3컵
진달래꽃잎	16장
설탕 시럽	1/2컵
소금	1/2작은술
식용유	약간

알아두기

- 장미화전은 꽃송이가 작은 노란색의 식용장미를 주로 사용한다.
- 국화전은 주로 황국을 사용하며 국화꽃잎을 하나씩 떼어서 붙이기도 하고 꽃송이를 그대로 빚은 반죽에 붙이기도 하며, 꽃잎을 찹쌀가루에 섞어 반죽하여 빚은 후 지지기도 한다.

만드는 법

1 찹쌀가루를 곱게 빻아 소금을 넣고 끓는 물로 익반죽한 후 직경 5cm, 두께 0.4cm 정도로 동글납작하게 빚는다.

2 설탕과 동량의 물을 넣고 젓지 않으며 서서히 끓여 설탕 시럽을 만든다. 이때 물엿을 넣어 주면 설탕의 결정화를 막을 수 있다.

3 진달래꽃은 꽃받침을 자르고 꽃술을 뗀 다음 물에 살짝 씻어 물기를 없앤다.

4 팬에 기름을 두르고 달구어 빚은 반죽을 놓고 한 면이 익으면 뒤집어서 꽃잎을 예쁘게 붙여 지진다.

5 지져낸 화전을 뜨거울 때 시럽이나 꿀에 넣어 집청한 후 꺼내어 접시에 담는다.

수리취절편

수리취절편은 쌀가루에 쪄서 데친 수리취를 넣고 절구나 안반에 친후 길게 밀어, 둥근 떡살로 문양을 만들어 낸 떡이다. 떡살의 문양이수레바퀴 모양 같다 하여 차륜병(車輪餅)이라고도 부르며, 단오절식이기도 하다. 수리취는 잎이 작고 뒷면이 흰 여러해살이 풀이다.

재료 및 분량

멥쌀가루	10컵
소금	1작은술
물	5큰술
수리취	150g
참기름	1/4컵

알아두기

- 수리취 대신 쑥을 데쳐서 사용하면 쑥절편이 된다.
- 쌀 1컵을 쌀가루로 만들면 약 2배인 2컵이 된다.

만드는 법

1 멥쌀을 8시간 정도 충분히 불려서 소금으로 간을 하여 빻아 쌀가루를 만든다.

2 수리취는 삶아서 찬물에 여러 번 헹구어 물기를 짠다.

3 쌀가루에 물을 내려서 찜솥에 젖은 행주를 깔고 김이 오르면 약 20분 정도 쪄낸 다음, 뜨거울 때 삶은 수리취를 섞어 절구에 넣고 곱게 찧는다. 많이 찧어야 쫄깃쫄깃하다.

4 가래떡처럼 만들어 조금씩 떼어내어 동그란 떡살로 찍어 내고 참기름을 바른다.

5 떡살은 긴 네모진 모양 등 다양한 모양을 사용할 수도 있다.

느티떡 楡葉餅

느티떡은 사월 초파일의 절식으로 느티나무의 어린 잎을 멥쌀가루에 섞어 거피 팥고물을 얹어 켜를 만들어 찌는 떡으로 유엽병(楡葉餅)이라고도 한다. 찌는 떡은 곡물을 가루를 내어 증기로 쪄내는 가장 기본이 되는 떡으로 증병(蒸餅)이라고도 한다.

재료 및 분량

멥쌀가루	5컵
느티나무잎	150g
소금	1/2큰술
설탕	1/2컵
거피 팥고물	3컵

알아두기

- 느티나무 잎은 어리고 연한 새싹을 따서 사용한다.
- 대나무 찜통에 찌면 케이크 모양의 떡이 된다.
- 지름 22cm의 원형 찜통에는 쌀가루 5컵이 사용된다.

만드는 법

1 멥쌀을 8시간 정도 불려서 소금으로 간하여 곱게 빻아 쌀가루를 만든다.

2 느티나무 잎은 어린 잎으로 골라 줄기는 떼어내고 씻어서 물기를 뺀다.

3 거피팥은 하루 정도 불려서 껍질을 벗겨 찜통에 쪄내고 팥이 뜨거울 때 소금을 넣고 찧어서 굵은 체에 내려 고물을 만든다.

4 시루에 시루밑을 깔고 맨 먼저 팥고물을 안치고 쌀가루에 설탕을 섞어 느티나무 잎을 버무려서 안친 다음 팥고물, 쌀가루, 팥고물 순으로 안친다.

5 찜솥에 김이 오르기 시작하면 시루를 올려 놓고 젖은 베보자기를 덮고 찌다가 시루에 김이 오르면 뚜껑을 덮고 30분 정도 쪄낸다.

팥시루떡

팥시루떡은 붉은 팥을 삶아서 고물을 만들어 멥쌀가루에 켜를 만들어 찌는 떡으로 고사떡에 많이 사용된다. 시루에 찌는 떡은 고물을 사용하여 켜를 안쳐 찌는 켜떡과 고물 없이 한 덩어리로 찌는 설기떡이 있다. 설기떡으로는 백설기, 콩설기, 쑥설기, 밤설기 등이 있고, 켜떡으로는 팥시루떡, 물호박떡, 신과병, 석탄병 등이 있다.

재료 및 분량

멥쌀가루	10컵
소금	1큰술
설탕	1컵
붉은 팥고물	6컵
소금	2작은술

알아두기

• 대꼬챙이로 찔러 보아서 쌀가루가 묻어나지 않으면 익은 것이다.
• 시루번은 밀가루를 반죽하여 가래떡 처럼 길게 모양내어 솥과 시루 사이 에 물을 묻혀서 수증기가 새어 나오 지 않게 눌러 붙인다.

만드는 법

1 멥쌀을 8시간 정도 불려서 소금으로 간하고 곱게 빻아 둔다.

2 팥은 물을 붓고 삶아 한소끔 끓으면 그 물을 버리고 찬물을 다시 넉넉히 부어 팥이 무를 때까지 삶는다. 팥이 거의 익으면 물을 따라내고 낮은 불에서 수분을 없앤 후 뜨거울 때 소금을 넣고 반쯤 찧어 팥고물을 만든다.

3 쌀가루에 설탕을 넣어 잘 섞는다.

4 시루에 시루밑을 깔고 맨 아래에 팥고물을 한 켜 안치고 그 위에 쌀가루, 팥고물 순 으로 안치기를 반복한다.

5 솥에 시루를 올려 놓고 시루번을 붙인 후 젖은 베보자기를 덮고 센불에서 찌다가 시 루에 김이 오르면 뚜껑을 덮고 30분 정도 쪄낸다.

6 시루를 앞으로 엎어 그릇에 담는다.

수수팥경단

수수팥경단은 차수수가루를 익반죽해서 동그랗게 빚어
붉은 팥고물을 묻힌 떡이다. 팥의 붉은 색은 액을 막아
준다는 의미가 있어 백일부터 아이가 열 살이 될 때까
지 생일마다 만들어 주었다.

재료 및 분량

차수수가루	5컵
소금	1/2큰술
물	1/2컵
붉은 팥	2컵
소금	1작은술

알아두기

수수는 소화율이 낮고 비타민 함량도 낮아 주식으로는 부적합하다. 하지만 『동의보감』에 '수수는 맛이 달고 깔깔하며 성질이 따뜻하여 속을 따뜻하게 할 수 있고 장기능을 조절하여 설사를 멈추게 한다'고 하여 장에 좋은 식품으로 알려져 있다.

만드는 법

1 차수수를 미지근한 물에 담갔다가 붉은 색이 우러나면 버리는 과정을 떫은맛이 없어질 때까지 여러 번 반복한다.

2 물기를 뺀 차수수에 소금을 넣고 곱게 빻아 체에 내려서 차수수가루를 만든다.

3 붉은 팥은 찬물을 부어 끓어오르면 물을 따라 버리고 다시 물을 부어 끓인 후 팥이 다 익으면 물은 버리고 낮은 불에서 수분을 없앤다. 뜨거울 때 소금을 넣고 절구에 찧어 굵은 체에 내려 팥고물을 만든다.

4 차수수가루에 뜨거운 물을 넣고 익반죽한 후 충분히 치대어 직경 2.5cm 정도로 둥글게 빚어 경단을 만든다.

5 경단을 끓는 물에 삶아서 찬물에 재빨리 헹구어 물기를 제거하고 팥고물을 묻힌다.

감자송편

감자송편은 감자 녹말가루를 익반죽하여 소를 넣고 손가락 자국이 나게 만든 강원도 지방의 향토음식으로 옅은 회색을 띠며, 예쁜 모양은 없지만 쫄깃쫄깃하고 구수한 것이 별미이다.

재료 및 분량

감자 녹말가루	2 1/2컵
소금	1/2작은술
물	1컵
강낭콩	1/2컵
소금	1/8작은술
설탕	1/2큰술
거피팥	1/2컵
소금	1/8작은술
설탕	1큰술
물엿	1/2큰술
참기름	1큰술

알아두기

이북에는 언감자떡이 있다. 이는 감자를 썩혀 녹말로 만든 떡으로, 겨우내 언감자를 봄에 개울에서 밟아 앙금(녹말)만 남으면 그것으로 떡을 만들어 먹었다고 한다.

만드는 법

1 감자 녹말가루에 분량의 펄펄 끓는 물과 소금을 넣어 반죽이 손에 묻지 않을 정도로 익반죽한다. 여기에 설탕을 약간 넣기도 한다.

2 강낭콩은 삶아서 소금과 설탕으로 버무리고 거피팥은 소금, 설탕, 물엿을 넣고 뭉쳐서 직경 1.5cm 크기로 빚어 소를 만든다.

3 익반죽한 반죽을 직경 2cm 되게 호두알 만하게 떼어서 동그랗게 한 다음 눌러서 강낭콩소나 거피팥소를 넣고 손가락 자국이 나게 모양을 낸 후 약 15분 정도 쪄서 참기름을 바른다.

4 식으면 금방 굳어지므로 뜨거울 때 먹어야 제 맛이 난다.

오색송편 五色松餅

오색송편은 멥쌀가루를 다섯 가지 색으로 물들여 익반 죽하여 소를 넣고 빚은 떡으로 돌상에 수수팥경단과 함 께 올리며, 책례 때에는 약간 작고 더 예쁘게 만들어 올 린다. 가장 오래된 기록으로는 『요록』으로 송편은 '백 미가루로 떡을 만들어 솔잎을 켜켜로 쪄서 물에 씻어낸 다'라고 알려져 있다.

재료 및 분량

멥쌀가루	10컵		소금	1/2작은술
오미자 우린 물	2큰술		설탕	1작은술
쑥가루	1큰술		솔잎	약간
치자물	2큰술		참기름	2큰술
도토리가루	1큰술			

*송편소

풋콩	1컵
통깨	2큰술
거피팥고물	1컵
밤	10개
꿀	2큰술
계피가루	1/2작은술

알아두기

노란색은 보통 물 1/4컵에 치자 1개를 쪼개어 우린 물을 사용하는데, 밤호박을 쪄서 체에 내려서 쌀가루에 섞어 사용하면 색도 좋고 잘 굳지 않는다.

만드는 법

1 쌀가루 10컵을 5등분하여 한 가지 색을 2컵씩 다섯 가지 색으로 익반죽한다. 흰색은 그대로, 분홍색은 오미자 우린 물, 노란색은 치자물, 쑥색은 쑥가루, 갈색은 도토리가루를 쌀가루에 섞어 반죽한다.

2 풋콩은 살짝 삶아 소금 간을 하고 밤은 속껍질까지 벗겨서 작게 등분하여 설탕을 넣어 살짝 찐다. 통깨는 설탕과 소금을 넣고 거피팥고물은 소금, 꿀, 계피가루를 넣어 만지기 좋은 정도로 질지 않게 반죽한다.

3 익반죽한 반죽을 조금씩 떼어 둥글게 빚은 다음, 가운데를 파서 소를 넣고 다시 오므려 조개 모양 등으로 예쁘게 빚는다.

4 예열된 시루나 찜솥에 솔잎을 깔고 빚은 송편을 서로 닿지 않도록 한 켜 놓은 다음, 그 위에 솔잎, 송편, 솔잎 순으로 놓고 30분간 찐 다음 냉수에 헹구면서 솔잎을 떼어내고 건져서 참기름을 바른다.

5 접시에 오색을 색 맞추어 보기 좋게 골고루 담는다.

노비송편 奴婢松餠

노비송편은 멥쌀가루를 익반죽하여 팥, 콩, 꿀, 대추를 소로 넣고 손바닥 만하게 빚어 솔잎을 깔고 찌는 떡이다. 예전에는 2월 초하루 중화절식을 노비일(奴婢日, 머슴날)이라 하여 노비들에게 노비송편을 나이수대로 먹여 머슴들을 위로하고 격려하였다.

재료 및 분량

멥쌀가루	10컵
소금	1큰술
물	1컵
참기름	2큰술
솔잎	약간

*송편소

거피팥	1컵
소금	1작은술
푸른콩	1컵
소금	1작은술
검정콩	1컵
소금	1작은술

알아두기

노비송편은 일명 '송떡'이라고도 하며 이월 초하룻날 빚는다 하여 '삭일송편'이라고도 한다.

만드는 법

1 멥쌀을 8시간 정도 불려 건져서 소금으로 간하여 곱게 빻아 가루로 만든 다음 익반죽하여 오래 치대어 귓볼같이 되도록 부드럽게 한다.

2 거피팥, 푸른콩, 검정콩은 각각 삶아서 소금 간을 한다.

3 익반죽을 떼어 둥글게 만든 다음 가운데를 파서 소를 넣고 다시 오므려 손바닥 만하게 크게 빚어 손자국을 낸다.

4 예열된 시루나 찜통에 솔잎을 깔고 빚은 송편을 가지런히 놓은 뒤 푹 찐다.

5 송편이 다 쪄지면 꺼내어 찬물에 살짝 헹구어 식힌 후 참기름을 바른다.

상 화 병 雙花餅

상화병(雙花餅)은 밀가루에 술을 넣어 반죽하여 발효시킨 다음 쇠고기, 표고버섯, 숙주, 호박 등으로 만든 소를 넣고 부풀려 찌는 떡으로 유두일에 먹던 절식이다. 고려 때 원나라로부터 전래되었으며, 제주에서는 삭망(朔望)이나 제사에 사용하며, 대바구니에 담아 선사하는 풍습이 있다.

재료 및 분량

밀가루	200g
소금	1/3작은술
설탕	2큰술
막걸리	100mL
호박	1/2개
숙주	30g
쇠고기	50g
표고버섯	2장
깨소금	1작은술
참기름	1작은술
소금	약간
다진 파	약간
다진 마늘	약간

*쇠고기ㆍ표고버섯 양념

간장	1큰술
설탕	1작은술
다진 파	2작은술
다진 마늘	1작은술
참기름	2작은술
깨소금	1작은술
후춧가루	1/8작은술

알아두기

상화병은 고기, 채소 등과 같은 소 대신 팥소를 넣기도 하고, 막걸리 대신 엿기름물을 사용하기도 한다.

만드는 법

1 밀가루는 체에 쳐서 설탕을 약간 넣고 따뜻하게 중탕한 막걸리와 설탕, 소금을 넣고 매끄럽게 될 때까지 반죽한 후, 젖은 행주로 싸서 따뜻한 곳에(30℃) 두어 약 1시간 정도 발효시킨 다음 부풀어 오르면 공기를 빼고 다시 1시간 정도 발효시킨다.

2 호박은 돌려깎기하여 소금에 절인 후 헹구어 물기를 제거하고 다진 파, 다진 마늘을 넣고 볶는다.

3 숙주는 소금물에 데친 후 물기를 짜서 송송 썰어 놓는다.

4 쇠고기는 곱게 다지고, 표고버섯은 따뜻한 물에 불려 채 썬 다음 양념하여 볶은 후 식혀 놓는다.

5 호박, 숙주, 쇠고기, 표고버섯을 섞어 소를 만든다.

6 반죽이 처음 부푼 정도로 다시 부풀면 공기를 빼준 후에 적당한 크기(30g)로 떼어 둥글게 한 다음 가운데를 파고 소를 넣는다.

7 찜통에 김이 오르면 상화를 넣고 뚜껑을 열고 찐다. 불을 약하게 하여 약 5분간 찌면 다시 조금 부푸는데, 이 때에 불을 세게 하여 젖은 행주를 덮고 뚜껑을 덮어 15분 정도 더 찐다.

약식 藥飯

약식(藥飯)은 찹쌀을 불려 쪄서 참기름, 꿀, 설탕, 진간장, 밤, 대추, 잣 등을 넣고 버무려 다시 충분히 찌는 떡이다. 약식(약밥, 약반)은 삼국유사에 의하면 신라 소지왕 때 왕의 생명을 구해 준 까마귀에게 보은하기 위한 음식에서 유래되었다.

재료 및 분량

찹쌀	5컵
소금물	약간
소금	1작은술
물	1/2컵
간장	3큰술
황설탕	1컵
참기름	6큰술
꿀	3큰술
계피가루	1작은술
밤	10개
대추	15개
잣	2큰술
소금	2작은술

*캐러멜 시럽	
설탕	3큰술
물	2큰술
끓는 물	1 1/2큰술
물엿	1/2큰술

알아두기

• 찹쌀이 골고루 잘 익도록 중간에 주걱으로 뒤섞어 주어야 하는데, 밥알이 으깨지지 않도록 주걱을 옆으로 세워 가르듯이 섞는다.

• 처음부터 찹쌀을 잘 쪄야 쉽게 굳지 않고 맛있는 약식을 만들 수 있다. 맛을 더 좋게 하려면 대추를 푹 삶아 체에 거른 앙금(대추고)을 섞는다.

만드는 법

1 찹쌀은 씻어서 하룻밤 불려 건진 뒤 물기를 빼 둔다. 찜통에 젖은 행주를 깔고 물기를 뺀 찹쌀을 안쳐 30분 후에 소금물을 뿌려서 섞어준 후 다시 찌고, 또 20분 후에 다시 소금물을 뿌려서 섞어 준 후 약 15분간 잘 찐다.

2 냄비에 설탕과 물을 넣고 캐러멜 시럽을 만든다. 시럽이 끓어오르면 불을 줄이고 나무 주걱으로 고루 저어 전체가 진한 갈색이 나면 더운 물과 물엿을 넣어 굳지 않게 한다.

3 밤은 속껍질을 벗겨 2~4등분하고, 대추는 씨를 발라 2~3조각으로 나누며, 잣은 고깔을 떼어낸다.

4 찹쌀이 쪄지면 뜨거울 때 그릇에 쏟아 황설탕을 넣어 고루 섞은 뒤 간장과 참기름을 넣어 버무리면서 색의 농도를 맞춰가며 캐러멜 시럽을 넣은 뒤 꿀과 계피가루를 섞는다.

5 색을 낸 찰밥에 밤, 대추와 잣을 섞고 젖은 행주를 씌워 2시간 정도 지난 후 찰밥에 간이 충분히 배어들면 찜통에 젖은 행주를 깔고 버무린 찰밥을 쏟아 부어 마른 행주를 덮고 약 40분간 찐다. 다 쪄지면 불을 끄고 5분 정도 뜸을 들인다.

6 뜨거울 때 합에 담거나 모양을 만들어 낸다.

밤초·대추초
 栗炒 · 大棗炒

밤초(栗炒)는 삶은 밤의 속껍질을 벗겨 꿀이나 설탕에 조려 계피가루와 잣가루를 묻힌 것이고, 대추초(大棗炒)는 씨를 뺀 대추를 꿀이나 설탕에 조린 숙실과이다. 대추를 그대로 조리기도 하고 대추 속에 밤으로 소를 만들어 조리기도 한다.

재료 및 분량

밤	30개
설탕	1컵
물	1컵
꿀	3큰술
잣가루	1큰술
계피가루	약간
대추	30개
설탕	1/2컵
물	1/2컵
꿀	1큰술
계피가루	약간
잣	2큰술
꿀	2큰술

알아두기

• 생밤을 조리면 잘 부서지므로 삶아
서 사용하며, 숟가락으로 젓지 않고
약한 불에서 오래 조리는 것이 좋다.
• 대추를 섞을 때 손이나 숟가락을 사
용하면 뭉그러지기 쉬우므로 그릇을
위아래로 흔들면서 섞는다.

만드는 법

1 밤은 살짝 삶아 껍질을 벗긴다.

2 설탕과 물을 넣고 밤을 조리다가 물이 조금 남았을 때 꿀을 넣고 조금 더 조린다. 그
리고 계피가루를 넣고 골고루 섞는다.

3 대추는 돌려깎기하여 씨를 빼낸 다음 청주에 재우거나 찜통에 쪄서 부풀게 한다.

4 설탕과 물을 넣고 대추를 조리다가 물이 조금 남았을 때 꿀을 넣고 조금 더 조린다.

5 계피가루를 넣고 골고루 섞은 후 꼭지 쪽에 잣을 하나씩 박는다.

6 그릇에 조린 밤을 담고 잣가루를 뿌리고 대추는 잣을 박은 쪽이 위로 오도록 해서
같이 담아낸다.

율란·조란
栗卵·棗卵

율란(栗卵)은 밤을 삶아서 체에 내려 꿀과 계피가루를 넣고 밤 모양
으로 빚고, 조란(棗卵)은 대추를 다져서 꿀과 계피가루를 넣고 반죽
하여 다시 대추 모양으로 빚은 숙실과이다. 대추는 기혈을 보충하고
얼굴빛을 좋게 하며, 노화를 방지하고 피부를 윤택하게 하는 효과가
있다. 따라서 '대추를 보고도 안 먹으면 늙는다'는 속담이 있다.

재료 및 분량

밤	20개(400g)
소금	1/4작은술
계피가루	1작은술
꿀	3큰술
잣가루	2큰술
대추	30개(70g)
물	1/2컵
설탕	2큰술
물엿	1큰술
소금	1/4작은술
꿀	1큰술
계피가루	1/4작은술
잣	1큰술

알아두기

• 밤 400g 정도를 체에 내리면 밤고
물이 2컵 정도 나온다. 꿀의 양은
꿀의 농도나 밤의 질에 따라 달라지
므로 분량을 가감한다. 최근에는 밤
호박이나 고구마로도 란을 만든다.

• 대추에 수분이 많을 경우에는 꿀 대
신 설탕을 사용하는 것이 좋고 대추
를 찜통에 쪄서 다진 후 꿀을 섞어
만들기도 한다.

만드는 법

1 밤은 씻어서 30분 정도 푹 삶는 다음 충분히 삶아졌으면 껍질을 까거나 반 잘라 숟
가락으로 속을 빼내고 따뜻할 때 체에 내린다.

2 계피가루와 소금을 넣고 잘 섞은 뒤 뭉쳐질 정도의 꿀을 넣어 다시 밤 모양으로 빚
는다.

3 밤 모양대로 밑부분에 꿀을 바르고 잣가루나 계피가루를 묻혀 그릇에 담아낸다.

4 대추는 물로 재빨리 씻어서 물기를 제거하고 씨를 발라낸 후 곱게 다진다.

5 냄비에 물, 설탕, 소금, 꿀, 물엿을 넣고 중불에서 끓인다. 끓어오르면 다진 대추를
넣고 조린다.

6 어느 정도 뭉치면 계피가루를 넣어 골고루 섞은 후 넓은 그릇에 펴서 식으면 대추
모양으로 다시 빚는다.

7 한쪽 끝부분에 통잣을 반쯤 박아 위로 가게 담는다.

각색정과

정과는 전과(煎果)라고도 하는데 수분이 적은 채소 뿌리나 과일, 줄기, 열매를 꿀이나 설탕에 오랫동안 졸여 달고 쫄깃한 맛이 나는 과정류로 연근, 도라지, 생강, 인삼, 모과, 유자, 행인, 사과, 산사, 구기자 등으로 만들 수 있다. 정과를 조리다가 말려서 만드는 편강과 같은 건정과도 있다.

재료 및 분량

유자	200g	식초	1큰술
설탕	1/2컵	설탕	1/2컵
물	1/2컵	물	3 $\frac{1}{2}$컵
꿀	2큰술	소금	1/2작은술
통도라지	200g	꿀	2큰술
설탕	1/2컵		
물	3 $\frac{1}{2}$컵		
소금	1/2작은술		
꿀	2큰술		
연근	200g		

알아두기

도라지의 쓴맛을 제거하기 위해 쌀뜨물을 이용하기도 하고 겨울보다 여름에는 더 오래 조려야 쓴맛이 덜하다. 너무 자주 저으면 결정이 생기므로 적당히 섞일 정도로만 저어 주면서 조린다.

만드는 법

1 유자를 반달 모양으로 2등분하고 0.5cm 두께로 썬다.

2 냄비에 유자와 설탕, 물을 넣고 센 불에서 잠깐 끓이다가 불을 줄여 약한 불에서 천천히 조린다. 거의 조려지면 꿀을 넣어 윤기가 나면 망에 건져서 식힌다.

3 도라지를 4cm 길이로 자르고 굵은 것은 반으로 가른 다음 소금을 넣은 끓는 물에 살짝 데쳐 찬물에 헹군다.

4 냄비에 도라지와 설탕, 물을 넣고 센 불에서 잠깐 끓이다가 불을 줄여 약한 불에서 천천히 조린다. 거의 조려지면 꿀을 넣어 윤기가 나면 망에 건져서 식힌다.

5 연근은 중간 크기로 껍질을 벗겨 0.5cm 두께로 썰어서 끓는 물에 식초를 넣고 삶은 다음, 설탕과 물을 넣고 센 불에서 잠깐 끓이다가 불을 줄여 약한 불에서 뚜껑을 열고 천천히 조린다. 거품이 생기면 걷어내고 거의 졸아들면 꿀을 넣어 갈색이 되면 망에 건져서 식힌다.

6 완성된 유자 · 도라지 · 연근정과를 그릇에 보기 좋게 담는다.

櫻桃片 앵두편

앵두편(櫻桃片)은 잘 익은 앵두를 삶아 거른 과즙에 설탕을 넣고 조리다가 녹두녹말을 풀어 끓여 굳힌 뒤 네모지게 썰어 놓은 과편(果片)이다. 앵두는 1.5% 정도의 사과산과 구연산 등 유기산을 가지고 있고 당분과 펙틴 함량이 높아 과편에 적합하며, 피로회복, 신진대사 촉진, 강장작용 등의 효과가 있다.

재료 및 분량

앵두	5컵
물	7컵
설탕	2컵
소금	1/4작은술
녹두녹말	1컵
물	8컵
꿀	2큰술

알아두기

- 녹두녹말을 사용해야 말갛게 되며, 뜸이 잘 들어야 끈기가 있고 윤기가 난다.
- 앵두는 앵두나무의 열매로 붉은 색을 띠며 새콤달콤한 맛이 있어 앵두편뿐만 아니라 앵두화채, 앵두잼, 앵두정과, 앵두술 등에 이용된다.

만드는 법

1 앵두를 깨끗이 씻어 물을 붓고 20~30분 정도 푹 삶아 고운체에 걸러 과즙을 만든다.

2 녹두녹말에 동량의 물을 부어 잘 풀어 고운체에 밭아 놓는다.

3 앵두과즙에 설탕과 소금을 넣고 5분 정도 조리다가 녹두녹말을 잘 섞이도록 저어가며 조금씩 부어 20분 정도 끓인다.

4 계속 저어 주면서 조리고 생기는 거품은 걷으면서 똑똑 떨어지는 젤리상태의 되직한 농도로 말갛게 익으면 꿀을 넣어 잠시 더 조리고 불을 낮추어 뜸을 들인다.

5 네모진 그릇에 물을 바르고 쏟아 부어 실온에서 굳힌다.

6 묵처럼 굳어지면 모양뜨기로 꽃 모양을 떠서 예쁘게 담아낸다.

7 밤을 속껍질까지 벗겨서 도톰하게 편으로 썰어 먹기 좋게 함께 낸다.

※ 모양뜨기로 모양을 내는 것보다는 네모지게 썰어 그릇에 담아내는 것이 일반적이다.

오색다식

五色茶食

다식(茶食)은 볶은 곡식의 가루나 송화가루를 꿀로 반죽하여 다식판에 찍어낸 한과로 혼례상, 회갑상, 제사상 등의 의례상에 올렸다. 『삼국유사』에 보면 '삼국시대에 차잎가루로 다식을 만들어 제사상에 올린 데서부터 시작되었다'라고 기록되어 있어 그 역사가 상당히 길었음을 알 수 있다.

재료 및 분량

송화가루	1컵
꿀	4 $\frac{1}{2}$큰술
흑임자가루	1컵
꿀	2큰술
푸른콩가루	1컵
꿀	4 $\frac{1}{2}$큰술
녹두 녹말가루	1컵
오미자 우린 물	1작은술
꿀	3 $\frac{1}{2}$큰술
녹두 녹말가루	1컵
꿀	4큰술
참기름	약간

알아두기

- 진말다식은 볶은 밀가루, 쌀다식은 백설기 말린 쌀가루, 밤다식은 황률을 가루내어 꿀과 조청으로 반죽하여 만든 것이다.
- 다식판은 음각이 깊어야 모양이 잘 나오며 꽃, 짐승의 문양과 수복강녕(壽福康寧), 부귀다남(富貴多男)의 글귀 등을 새겨 복을 비는 의미가 있다.

만드는 법

1 송화다식(松花茶食) : 송화가루를 꿀로 반죽하여 다식틀에 참기름을 바르고 다식판에 들어갈 만큼만 반죽을 떼어 꼭꼭 눌러 박는다. 다식판에 랩을 덮어 만들기도 한다.

2 흑임자다식(黑荏子茶食) : 검은깨를 볶아서 곱게 빻아 그릇에 담아서 찜통에 김이 오르면 5분 정도 쪄서 희끗희끗한 것이 없도록 한 다음(김이 오르면 색도 짙어지고 부서지지 않는다) 다시 절구에 기름이 나도록 찧어 꿀로 반죽하여 다식판에 찍는다.

3 푸른콩다식 : 청태콩을 씻어서 물기를 뺀 다음 10분 정도 찜통에 쪄서 볶아 껍질은 제거하고 찧어서 고운체에 쳐서 콩가루를 만든다. 푸른콩가루에 꿀을 넣고 반죽하여 다식판에 박는다. 노란콩가루로 만들면 노란콩다식이 된다.

4 오미자다식(五味子茶食) : 녹두녹말에 오미자 우린 물, 꿀을 넣고 반죽하여 다식판에 박는다.

5 녹말다식(菉末茶食) : 녹두녹말에 꿀을 넣고 되직하게 반죽하여 다식판에 박는다.

진달래화채 杜鵑花菜

진달래화채는 봄철을 알리는 대표적인 화채로 곱게 우린 오미자 국물에 진달래꽃잎을 살짝 데쳐서 띄운 음청류로 두견화채(杜鵑花菜)라고도 한다. 오미자 국물에 앵두, 배, 복숭아, 딸기, 복분자 등을 띄워 앵두화채, 배화채, 복숭아화채, 딸기화채, 복분자화채 등을 만들기도 한다.

재료 및 분량

진달래꽃잎	20잎
오미자	1/2컵
물	2컵
오미자 우린 물	1/2컵
설탕	1/2컵
꿀	4큰술
물	4컵
녹두녹말	2큰술
잣	1작은술

알아두기

• 오미자는 품질에 따라 우러나는 맛과 색의 정도가 다르므로 좋은 품질의 것을 선택하도록 한다.
• 설탕과 꿀은 기호에 따라 가감할 수 있고 오미자 물에 설탕과 함께 소금을 조금 넣어 주면 단맛이 상승한다.

만드는 법

1 오미자는 깨끗이 씻어 물기를 뺀 다음 정수된 물을 부어 하룻밤 담가 둔다. 오미자 물이 우러나면 고운체에 면보를 깔고 받아 오미자 우린 물을 만든다.

2 오미자 우린 물 1/2컵에 분량의 물, 설탕, 꿀을 넣고 잘 녹여서 화채 국물을 만든다.

3 진달래꽃잎은 꽃술을 따고 깨끗이 씻어 물기를 제거한 후 녹두녹말을 묻혀 살짝 데쳐 낸 다음 냉수에 헹구어 준비한다.

4 잣은 마른 행주로 닦아 고깔을 떼어낸다.

5 화채 그릇에 오미자 국물을 담고 데친 진달래꽃잎과 잣을 띄워낸다.

창면 羞麵

녹두녹말로 얇은 면을 만들어 채 썬 뒤 오미자 국물에 띄운 음청류로 부드럽고 매끌거리는 감촉이 오미자의 상큼한 맛과 잘 어울린다. 창면은 착면(着麵), 수면(水麵), 청면(淸麵)이라고도 하며 『규곤시의방』에는 녹두로 만든 면을 오미자물 대신 참깨를 볶아 갈아서 거른 국물에 말았다고 하여 '녹두나화'라고 하였다.

재료 및 분량

재료	분량
오미자	1/2컵
물	2컵
오미자 우린 물	1/2컵
물	4컵
설탕	1/2컵
꿀	4큰술
녹두녹말	1/2컵
물	1/2컵
잣	1작은술

알아두기

면을 만들 때에는 한 장씩 만들어야 하고 쟁반에 붓기 전에는 녹말물을 충분히 저어 주어야 한다. 화력이 너무 강하면 녹두면에 작은 기포가 생길 수도 있으므로 주의한다.

만드는 법

1 오미자는 티를 고르고 깨끗이 씻어 물기를 뺀 후 정수된 물에 하룻밤 정도 담가 놓아 붉은 색으로 우러나면 고운체에 밭아 오미자 우린 물을 만든다.

2 오미자 우린 물 1/2컵에 분량의 물, 설탕, 꿀을 넣고 잘 녹여서 화채 국물을 만든다.

3 녹두녹말을 동량의 물에 풀어 20분 정도 두었다가 웃물은 버리고 물을 한 번 더 부어 저어 준 후 고운체에 내린다.

4 넓은 냄비에 물을 끓이고, 물칠을 한 밑이 평평한 쟁반에 녹말물을 0.3cm 두께로 부어 중탕한다. 말갛게 익으면 그릇째 끓는 물 속에 넣어 완전히 익힌 다음 꺼내어 찬물에 식힌다.

5 면이 식으면 얇게 채를 썰어 화채 그릇에 담고 내기 직전에 오미자 국물을 붓고 잣을 띄워낸다. 석류알을 띄워내기도 한다.

보리수단

수단(水團)은 곡물을 빚어 녹말가루를 묻혀 삶아내어 꿀
물이나 오미자 물에 띄운 음료로, 특히 보리수단은 매끈
거리면서도 구수한 보리의 맛이 일품이다. 보리수단은
햇보리가 나오는 초여름에 먹던 전통 음청류이다.

재료 및 분량

보리쌀	3큰술
녹두 녹말가루	5큰술
오미자	1/2컵
물	2컵
오미자 우린 물	1/2컵
물	4컵
설탕	1/2컵
꿀	4큰술
잣	1작은술

알아두기

- 보리를 삶은 후 물기를 잘 빼고 다시 녹말을 묻혀야 알알이 흩어지고 깨끗하게 익는다.
- 물기를 잘 빼지 않으면 서로 엉겨 붙게 된다.
- 녹두 녹말이 없으면 청포묵을 만드는 데 사용하는 동부녹말을 써도 좋다.

만드는 법

1. 오미자를 깨끗이 씻어 물기를 뺀 다음 정수한 물에 하룻밤 담가 둔다. 오미자 물이 우러나면 고운체에 면보를 깔고 밭아 오미자 우린 물을 만든다.

2. 오미자 우린 물 1/2컵에 분량의 물, 설탕, 꿀을 넣고 잘 녹여서 오미자 국물을 만든다.

3. 보리쌀을 깨끗이 씻어 푹 삶아 찬물에 여러 번 헹구어 건진 다음 녹두 녹말을 골고루 묻혀서 끓는 물에 조금씩 넣고 데친 후 바로 찬물에 헹구기를 4~5번 반복하면 보리알이 말갛고 큼직하게 된다.

4. 화채 그릇에 데친 보리쌀을 담아 오미자 국물을 붓고 잣을 띄워낸다.

제호탕

제호탕(醍醐湯)은 조선조 궁중 내의원에서 단오에 여러 약재를 넣고 끓여 임금님께 올렸던 여름철 음청류로 『동의보감』에 갈증을 해소하고 번갈(煩渴)을 그치게 하는 효능이 있다고 기록되어 있다. 임금님은 제호탕을 부채와 함께 여름을 건강히 보내라는 뜻에서 나이 많은 임금이나 70세 이상 정2품 이상의 문관들이 모이는 기로소(耆老所)에 보냈다고 한다.

재료 및 분량

오매육	600g
초과	60g
축사(사인)	30g
백단향	30g
꿀	3kg

알아두기

제호탕에 사용되는 재료는 오매육, 초과, 축사(사인), 백단향, 꿀 등 한방재료이다. 매실 껍질을 벗겨 짚에 그을린 오매육은 소화를 돕고 기침을 멈추며, 소갈을 해소한다. 초과는 토사곽란에, 축사는 위의 습을 제거하여 소화작용을 증강시킨다.

만드는 법

1 오매육은 굵게 갈고 초과, 축사, 백단향은 곱게 가루로 빻는다.

2 도자기에 빻아 놓은 가루와 꿀을 넣고 섞어 10~12시간 정도 되직해질 때까지 중탕하여 검은색의 제호탕고를 만든다.

3 식혀서 사기 항아리에 담아 시원한 곳에 일주일 정도 보관하면 표면이 매끄러워지면서 숙성된다.

4 먹을 때는 제호탕고를 냉수에 희석하여 면보에 거른 후 기호에 따라 꿀이나 설탕을 넣어 마신다. 얼음을 띄워내기도 한다.

유자화채 柚子花菜

유자화채(柚子花菜)는 가을철에 나오는 유자를 곱게 채 썰어 꿀물이나 설탕물에 띄우고 석류알과 잣을 띄운 음청류로, 유자 껍질과 유자 속, 석류알과 잣이 보석처럼 떠 있고 유자향과 색이 좋아서 화채 중에 으뜸으로 꼽힌다.

재료 및 분량

유자	2개
배	1개
석류알	2큰술
잣	1큰술
설탕	1컵
물	4컵

알아두기

유자화채에 배를 채 썰어 넣어 '유자와 배화채' 라고도 하며, 유자 과육은 설탕에 재웠다가 그 즙과 과육을 화채에 넣으면 유자의 향이 더 진해진다.

만드는 법

1 유자는 껍질을 길이로 6등분하여 껍질과 과육을 분리한 다음, 과육은 씨를 빼고 2~3 조각으로 잘라 설탕에 재워 둔다.

2 유자 껍질은 노란 겉껍질과 하얀 속껍질로 분리하여 얇게 저며 곱게 채 썬다.

3 배는 껍질을 벗겨 4cm 크기로 채 썰고 잣은 고깔을 떼어낸다.

4 물에 분량의 설탕을 넣고 화채 국물을 만든다.

5 화채 그릇에 채 썬 유자와 유자속, 채 썬 배를 돌려 담고 석류알과 잣을 가운데 담은 다음, 화채 국물을 살며시 부어 화채 건더기가 그대로 잘 떠오르도록 한다.

원소병 元宵餠

원소는 '정월 보름날 밤'이라는 뜻으로, 원소병(元宵餠)은 정월 대보름에 먹는 절식으로 알려져 있으나, 여름철 음료로도 좋다. 원소병은 작고 동그란 떡이라는 의미도 있으며, 『조선무쌍신식요리제법』에서는 옛날 중국의 삼국지에 원소가 만들어 먹던 떡이라 해서 원소병이라는 이름이 붙여졌다고도 한다.

재료 및 분량

재료	분량
찹쌀가루	2컵
소금	1/2작은술
끓는 물	8큰술
쑥가루	1작은술
치자물	1작은술
오미자 우린 물	2작은술
녹말가루	2큰술
잣	1작은술
설탕(꿀)	1컵
물	4컵

*원소병 소	
대추	3개
유자(다진 것)	2큰술
꿀	2큰술
계피가루	약간

알아두기

찹쌀 반죽을 질게 하면 늘어져서 원소병의 모양이 동그랗게 유지되지 않는다. 냉수로 반죽하면 반죽하기는 힘들지만 잘 늘어지지 않는 장점이 있다.

만드는 법

1 찹쌀은 충분히 불려서 소금을 넣고 빻아서 찹쌀가루를 만든다.

2 찹쌀가루 2컵을 4등분하여 각각의 색을 들여 끓는 물 2큰술씩을 넣고 네 가지 색으로 익반죽한다. 쑥가루는 찹쌀가루에 먼저 섞어 익반죽하고 치자물, 오미자 우린 물은 찹쌀가루에 넣고 반죽하는데, 넣은 물의 양만큼 끓는 물의 분량을 덜 넣는다.

3 대추는 씨를 빼고 곱게 다져서 계피가루와 꿀로 버무리고, 설탕에 재워 두었던 유자도 곱게 다져서 모두 섞어 소를 만든다.

4 찹쌀 반죽을 대추알만큼씩 떼어서 직경 2cm로 둥글게 만들어 가운데에 소를 넣고 경단을 빚은 다음, 녹말가루를 고루 묻혀서 끓는 물에 넣어 익어서 떠오르면 찬물에 헹구어 건진다.

5 화채 그릇에 네 가지 색의 경단을 고루 담고 설탕물(꿀물)을 부어 잣을 서너 알씩 띄워낸다.

參考文獻

강인희 외, 한국식생활사, 삼영사, 1990.

강인희 외, 한국의 상차림, 효일문화사, 1999.

강인희, 한국의 맛, 대한교과서, 1997.

김상보, 조선왕조 궁중연회식 의궤음식의 실제, 수학사, 2001.

김상보, 조선왕조 궁중의궤음식문화, 수학사, 2000.

김상보, 한국음식생활문화사, 광문각, 1999.

김용숙, 조선조 궁중풍속 연구, 일지사, 1987.

박금미 외, 한국조리, 아카데미서적, 2000.

방상훈, 사진으로 보는 가정의례, 조선일보사, 1995.

안동장씨부인 저, 황혜성 감수, 다시 보고 배우는 음식디미방, 궁중음식연구원, 2000.

염초애 · 장명숙 · 윤숙자, 한국음식, 효일문화사, 1993.

윤서석, 한국음식 -역사와 조리법-, 수학사, 1990.

윤숙자, 한국의 떡 · 한과 · 음청류, 지구문화사, 1999.

윤숙자, 한국의 시식절식, 지구문화사, 1999.

윤숙자, 한국의 혼례음식, 지구문화사, 1999.

이성우 외, 한국음식오천년, 유림문화사, 1988.

이성우, 조선시대 조리서의 분석적 연구, 한국정신문화연구원, 1982.

이성우, 한국식품문화사, 교문사, 1991.

이성우, 한국요리문화사, 교문사, 1991.

이용기 저, 옛음식연구회 역, 다시 보고 배우는 조선무쌍신식요리제법, 궁중음식연구원, 2002.

이춘자 · 김귀영 · 박혜원, 통과의례음식, 대원사, 1997.

이효지, 조선왕조 궁중음식의 분석적 연구, 수학사, 1985.

조후종, 세시풍속과 우리음식, 한림출판사, 2002.

조후종, 통과의례와 우리음식, 한림출판사, 2002.

한국문화재보호재단, 한국음식대관 제1권, 한림출판사, 1997.

한국문화재보호재단, 한국음식대관 제6권, 한림출판사, 1997.

한복선, 명절음식, 대원사, 1990.

황혜성 외, 관혼상제, 한국문화재보호협회, 1982.

황혜성, 이조궁중요리통고, 학총사, 1957.

황혜성, 조선왕조 궁중음식, 궁중음식연구원, 2001.

황혜성 · 한복려 · 한복진, 한국의 전통음식, 교문사, 1995.

찾아보기

신승미(Shin, Seung Mee)
숙명여자대학교 대학원 식품영양학과(이학 박사)
현재 청운대학교 호텔조리식당경영학과 교수

손정우(Sohn, Jung Woo)
숙명여자대학교 대학원 식품영양학과(이학 박사)
현재 배화여자대학 전통조리과 교수

오미영(Oh, Mi Young)
숙명여자대학교 대학원 식품영양학과(영양학 석사)
조리기능장
현재 서울종합직업전문학교 조리과 학과장

송태희(Song, Tae Hee)
숙명여자대학교 대학원 식품영양학과(이학 박사)
현재 배화여자대학 식품영양과 교수

김동희(Kim, Dong Hee)
숙명여자대학교 대학원 식품영양학과(이학 박사)
현재 유한대학 식품영양과 교수

안채경(Ahn, Chae Kyung)
숙명여자대학교 대학원 식품영양학과(이학 박사)
숙명여자대학교 한국음식연구원 푸드 코디네이터
과정 수료
현재 중앙대학교 식품영양학과 강사

고정순(Ko, Jung Soon)
숙명여자대학교 대학원 식품영양학과(영양학 석사)
현재 제주정보산업대학 식품영양과 교수
　　　(사)문화포럼 음식문화연구회 회장
　　　(사)제주예절원 원장

이숙미(Lee, Sook Mi)
명지대학교 대학원 식품영양학과(이학 박사)
아주대학교 의과대학 약리학교실 연구교수 역임
현재 명지대학교 산업대학원 한국전통음식문화학과
　　　강사

조민오(Cho, Min Oh)
숙명여자대학교 전통문화예술대학원 전통식생활
문화학과(문화예술학 석사)
숙명여자대학교 디자인대학원 테이블 데커레이션
과정 수료
현재 전통음식연구가

박금미(Park, Kum Mi)
서울대학교 대학원 식품영양학과(가정학 석사)
숙명여자대학교 대학원 식품영양학과(이학 박사)
현재 신구대학 식품영양과 교수

김영숙(Kim, Young Sook)
숙명여자대학교 교육대학원(가정교육 석사)
덕산병원 영양과장 역임
현재 안양과학대학 호텔조리영양학부 초빙교수

한국 전통음식 전문가들이 재현한
우리 고유의 상차림

2005년 2월 12일 초판 발행
2010년 1월 29일   2쇄 발행

지은이 신승미 외
발행인 류 제 동
발행처 (株)敎文社

(우) 413-756 경기도 파주시 교하읍 문발리 출판문화정보산업단지 536-2
전화 : 031) 955-6111(代)
팩스 : 031) 955-0955
등록 1960.10.28 제406-2006-000035호
홈페이지 : www.kyomunsa.co.kr
E-mail : webmaster@kyomunsa.co.kr

ISBN 89-363-0720-7 (93590)